U0614287

动物界的
进化历程

王 宇◎编著

在未知领域 我们努力探索
在已知领域 我们重新发现

延边大学出版社

图书在版编目（CIP）数据

动物界的进化历程 / 王宇编著 .—延吉：

延边大学出版社，2012.4（2021.1 重印）

　ISBN 978-7-5634-4620-9

　Ⅰ . ①动… Ⅱ . ①王… Ⅲ . ①动物—进化—青年读物
②动物—进化—少年读物 Ⅳ . ① Q951-49

　中国版本图书馆 CIP 数据核字 (2012) 第 051741 号

动物界的进化历程

— —

编　　　著：王　宇

责 任 编 辑：林景浩

封 面 设 计：映象视觉

出 版 发 行：延边大学出版社

社　　　址：吉林省延吉市公园路 977 号　　邮编：133002

网　　　址：http://www.ydcbs.com　　E-mail：ydcbs@ydcbs.com

电　　　话：0433-2732435　　传真：0433-2732434

发行部电话：0433-2732442　　传真：0433-2733056

印　　　刷：唐山新苑印务有限公司

开　　　本：16K　690×960 毫米

印　　　张：10 印张

字　　　数：120 千字

版　　　次：2012 年 4 月第 1 版

印　　　次：2021 年 1 月第 3 次印刷

书　　　号：ISBN 978-7-5634-4620-9

— —

定　　　价：29.80 元

前 言
Foreword

　　大约在46亿年以前，地球上还是一片荒芜，天空烈日似火，电击雷轰；地面熔岩滚滚，火山喷发。这种自然现象成了生命起源的"催生婆"，巨大的热能促使原始地球上的各种物质都在进行激烈的运动和变化，并在运动和变化中孕育着生机。若干年后，灼热的地球表面逐渐冷却了下来，地上蒸发的水升到空中，凝结成雨点，又降落到地面，就这样持续了许多亿年，形成了原始海洋。在降雨过程中，氢、二氧化碳、氨和烷等气体，有一部分随着降雨进入原始海洋；雨水冲刷大地时，又有许多矿物质和有机物陆续随水汇集至海洋。广漠的原始海洋，诸物际会，气象万千，大量的有机物源源不断产生出来，海洋就成了生命的摇篮。地球表面到处是海洋，海洋里生活着许多构造简单的动物。

　　地球每天都在发生着变化，这些构造简单的小动物也在发生着变化，从单细胞到多细胞、从无脊椎到有脊椎、从低等到高等、从简单到复杂，直到现在陆地上最高级的哺乳动物出现。海洋里有了生命以后，最早出现的鱼类是甲胄鱼。甲胄鱼是鱼的祖先，早已灭绝。在海洋形成之后，由于地壳的剧烈运动，许多地方的海水又开始退去，形成沼泽。在干旱的季节，为了生存，生活在海洋里的鱼便开始爬上陆地生活。这时出现了总鳍鱼。总鳍鱼是鱼类发展到两栖类的中间类型动物，兼有鱼和两栖动物的特征。随着地球上陆地面积的进一步扩大，气候也变得越来越干燥，越来越多的动物开始尝试着到陆地上来生活。此时，虽然两栖动物已经能够登上陆地，但它们仍然没有完全摆脱水域环境的束缚，还必须在水中产卵繁殖并且度过童年时代。从原始的两栖动物继续进化，出现了爬行类。爬行动物可以在陆地上产卵、孵化，完全脱离了对水的依赖性，成为真正的陆生动物。爬行类及其以前的动物都属于变温动物，它们的身体会变得冰冷僵硬，这个时候它们不得不停止活动进入休眠状态。陆地上的自然环境多姿多彩，为动物的进化开辟了新的适应方向，爬行动物在陆地出现以后，向各个方向辐射、分化，更高级的鸟类和哺乳类应运而生，当哺乳动物进一步往前发展时，人类终于脱颖而出。

物竞天择，适者生存。动物界的进化历程，就是一部动物与大自然搏斗的历史，《动物界的进化历程》一书，选取了动物在进化过程中最具代表性的动物，用通俗易懂的语言，并配以大量的图片，为您讲述动物从低级生命形态逐步向高级生命形态层级进化的基本过程。

目录
CONTENTS

第❹章

脊椎动物的进化

第❺章

探索进化史上的水陆两栖动物

第❻章

爬行动物的繁荣

第**7**章

探访鸟类进化的历程

第**8**章

哺乳动物统治地球

寻

第一章

找远古动物的足迹

XUNZHAOYUANGUDONGWUDEZUJI

动物界的进化历程

远古动物的代表——三叶虫

Yuan Gu Dong Wu De Dai Biao —— San Ye Chong

最有代表性的远古动物三叶虫属于节肢动物门、三叶虫纲，早在 5.6 亿年前的寒武纪时代，就已经开始生活在地球上，5～4.3 亿年前发展到高峰，至 2.4 亿年前，在二叠纪末的地质灾害事件中全部灭绝。前后在地球上生存了 3.2 亿多年，可见这是一类生命力极强的生物。

◎三叶虫的发现及命名

三叶虫在我国刚被发现的时候叫蝙蝠石。在 300 多年前的明朝崇祯年间，一个名叫张华东的人，在山东泰安大汶口发现了一种包埋在石头里的"怪物"，其外形容貌颇似蝙蝠展翅，于是他就为之命名为"蝙蝠石"。到了 20 世纪 20 年代，我国的古生物学家对"蝙蝠石"进行

※ 保存最完整的三叶虫化石

了深入的科学研究，终于弄清楚了原来这是一种三叶虫的尾部。这种三叶虫生活在 5 亿年前的寒武纪晚期，是海洋中的一种节肢动物。为了纪念这个世界上给三叶虫起的第一个名字，我国科学家就把这种三叶虫由拉丁名翻译成的中文名字依然叫做"蝙蝠石"或是"蝙蝠虫"。

1698 年，国外也开始了三叶虫的研究。当时，鲁德把一个头部长有三个圆瘤的三叶虫化石命名为"三瘤虫"。到了 1771 年，瓦尔其根据这种动物的形态特征，即身体从纵横两方面来看都可以分成三部分：纵向上分为头部、胸部和尾部，横向上分为中轴及其两边的侧叶部分，因而给出了一个恰如其分的名称——"三叶虫"。此后，"三叶虫"的名称一起沿用到现在。

◎三叶虫的形态特征

三叶虫的背部外观为卵形或椭圆形，个体大小相差悬殊，成虫的长为3～10厘米，宽为1～3厘米。小型的只有6毫米左右。三叶虫体外包有一层外壳，坚硬的外壳为背壳及其向腹面延伸的腹部边缘。腹面的节肢为几丁质，其他部分都被柔软的薄膜所掩盖。一般所采到的三叶虫化石都是背壳。

※ 三叶虫身体的三个部分

三叶虫背壳的中间部分称为轴部或中轴，左、右两侧称为肋叶或肋部。三叶虫壳面光滑。或有陷孔、瘤包、斑点、放射形线纹、同心圆线纹、短刺等。头部多数被两条背沟纵分为三叶，中间隆起的部分为头鞍及颈环，两侧为颊部，眼位于颊部。颊部为面线所穿过，两面线之间的内侧部分统称为头盖，两侧部分称为活动颊或自由颊。胸部由若干胸节组成，形状不一，成虫2～40节。各节之间以覆瓦状（即像房顶的瓦片一样一片覆叠在另一片的上面）关联起来，便于卷曲活动。中间部分为中轴，两侧称为肋部。每个肋节上具肋沟，两肋节间为间肋沟。尾部是由若干体节互相融合而形成的，1～30节以上不等。形状一般为半圆形，但变化很大，可分为中轴和两肋部。肋部分节为肋沟和间肋沟。大多数尾部的边缘都带有刺，极少数也不带刺。

三叶虫在当时繁衍出了各种形态，这有利于三叶虫更好地适应当时的生活环境。有的壳体能够卷曲成为球状，如隐头虫；有的头、胸、尾三部分大小相等，壳体缓平，头和尾都缺少明显的装饰，如大头虫；有的为了免于受害，在胸、尾装饰着尖长的针刺，如小月虫；有的头部既宽又大，前缘被一条平阔的围边所环绕，其上还排列着整齐的瘤粒，如隐三瘤虫。

◎三叶虫的生活习性

三叶虫的生活习性也多种多样。因为三叶虫的化石大多保存在石灰岩或页岩中，由此可以推断三叶虫全属海生，而且多数在浅海底生活，少数钻入泥沙中或漂游生活。它们有的稍能游泳，有的随水漂流。而它们的食物就是原生动物、海绵动物、腔肠动物、腕足动物的尸体或海藻等细小生物。留纪中期有一种三叶虫（齿虫类），整个身体几乎被密密的长刺包围，这些长刺对于它们在水里游泳来说是一种强有力的推进器，可以推测它们是游泳的能手。同时，这些长刺也是抵御天敌的有效武器。当时与它们共生的鹦鹉螺类、板足鲎类和鱼类都是三叶虫的劲敌，促使这类三叶虫增强游泳能力和御敌的本能。

◎三叶虫的灭绝原因

三叶虫发展迅速，在整个漫长地质历程中生生不息，达3亿多年之久，繁衍出了众多的类群和巨大的数量，总计有1500多个属，1万多个种。然而，这个庞大的家族因为不知名的原因还是灭绝了。直到如今，科学家们还没有研究出三叶虫灭绝的具体原因，但是志留纪和泥盆纪时期，两腭强大、互相之间由关节连接的鲨鱼和其他早期鱼类的出现，与同时出现的三叶虫数量的减少似乎有关。三叶虫为这些新动物可能提供了丰富的食物。此外，到二叠纪后

※ 三叶虫的不同形态

期时，三叶虫的数量和种类已经相当少了，这无疑为它们在二叠纪～三叠纪灭绝事件中提供了条件。此前的奥陶纪、志留纪灭绝事件虽然没有后来的二叠纪、三叠纪灭绝事件那么严重，但是也已经大大地减少了三叶虫的多样性。在一次又一次的灭绝大事件中，三叶虫逐渐地退出了历史舞台。

◎三叶虫的化石

三叶虫的化石分布很广泛，几乎出现于现今所有大陆上，似乎它们在所有的远古海洋中均有生存。这主要是因为，三叶虫较为坚硬的外骨骼束缚了个体的长大，所以在成长过程中三叶虫要不断脱壳，换上大一号的外衣。三叶虫在蜕皮时将所有盔甲中的矿物质全部抛弃。因此一个三叶虫可以留下多个矿化良好的外壳，提高了化石保存的数量。这些脱掉的背壳和死亡的三叶虫一起保存为化石，成为我们了解古代海洋的一扇窗口。

三叶虫的化石最早获得广泛的吸引力和关注，至今为止，每年还有新的物种被发现。据统计，在全世界发现的三叶虫化石有上万种，由于三叶虫的发展非常快，因此它们非常适合被用作标准化石，地质学家可以使用它们来确定含有三叶虫的石头的年代。在英属哥伦比亚、纽约州、中国、德国和其他一些地方，还发现了非常稀有的、带有软甲的身体部位如足、鳃和触角的三叶虫化石。中国三叶虫化石是早古生代的重要化石之一，是划分和对比寒武纪地层的重要依据。主要的三叶虫化石品种有：蝙蝠虫、四川虫及副四川虫、湘西虫、王冠虫、沟通虫等。

▶知识窗◀

古生物学家在对三叶虫研究时发现，一些三叶虫种类的头上有类似现代甲虫的角。据这些角的形状、大小和位置，古生物学家推测这些角的作用是在寻找配偶时进行角斗的工具。假如这个推测正确的话，三叶虫将会是生物进化史上最早表现这个行为的动物。

| 拓展思考 |

1. 三叶虫是怎么起源的？
2. 三叶虫具体演化过程是什么？
3. 三叶虫化石的作用是什么？

灭绝的远古巨兽——邓氏鱼

Mie Jue De Yuan Gu Ju Shou —— Deng Shi Yu

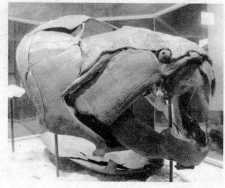

※ 邓氏鱼头骨化石

在人们的印象中，鲨鱼是海洋中最为凶猛的动物。但是在远古时代，却有一种比鲨鱼更凶猛的动物——邓氏鱼。邓氏鱼是一种生活在距今约 3.6 亿至 4.15 亿年前的泥盆纪时代的古生物，身体长约 8～10 米，重量可达 4 吨，被视为当时最大的海洋猎食者，其主要食粮是有硬壳保护的鱼类及无脊椎动物。据美国的科学家研究，这种鱼类的牙齿撕咬力每平方厘米可以达到 5600 千克，是人类目前所知最为凶猛的海洋生物。

◎邓氏鱼的外貌特征

※ 邓氏鱼模拟图

观看邓氏鱼的化石，它凶悍的外貌，给人以凶猛异常的感觉。强有力的体格加上包裹着甲板的头部。它有流畅的体型，与现代鲨鱼一样呈流线型。头部与颈部覆盖着厚重且坚硬的外骨骼。邓氏鱼虽然是肉食性鱼类，但缺少真正的牙齿，而以两长条嶙峋的刃片代替，如铡刀一般，非常锐利，能咬断、粉碎任何东西。

邓氏鱼背部颜色较深，腹部呈银色。体长 10 米左右，体重约 4 吨。如此庞大的身躯，使它拥有异常旺盛的食欲，成为当时最强的食肉动物。

但是，这种鱼对它的食物毫不讲究，它吃鱼、鲨鱼和一些头足类（鹦鹉螺、菊石），甚至自己的同类。拥有如此旺盛食欲的邓氏鱼，却一直经受着消化不良的困扰，在发现的化石周围，经常能发现一些被回吐的、半消化的鱼的残骸。同时，也能发现一些邓氏鱼从胃部反刍出来的不能消化的食物残渣，比如其他盾皮鱼类的头甲和软体动物的碳酸钙质的外壳等。在大海中，这种将近10米长的巨兽简直就是魔鬼的化身！只可惜它们昔日的辉煌在今天早已荡然无存了。

◎强大的咬合力

科学家们曾为了精确计算出邓氏鱼的咬合力做过模拟实验。他们首先对邓氏鱼的化石骨骼的肌肉组织进行复原，并制作了一个生物力学模型来模拟它的头骨运动方式和咬合力度，得知邓氏鱼的尖牙咬合力高达5吨。为方便比较，科学家估算出霸王龙咬合力约为1360千克；美洲短吻鳄咬合力为963千克；鲨鱼咬合力数百公斤；人类仅77千克。如今称霸海洋的鲨鱼在邓氏鱼强大的咬合力前，将不堪一击。邓氏鱼用力一咬，鲨鱼会随之断成两截。科学家认为，同处泥盆纪的鲨鱼非但不是邓氏鱼的对手，还可能是它的捕食对象。在研究过程中，生物学家还对邓氏鱼的化石进行了颌骨的肌肉复原。他们惊奇地发现，邓氏鱼的口腔机能非常独特，它依靠四个关节活动时产生的力量进行撕咬。这种独特的机能不仅可以产生极大的咬合力，还可以使得邓氏鱼以极快的速度来撕咬猎物。

▶知识窗

科学家说，邓氏鱼不仅有惊人的咬合力，体内还有巨大的吸力。邓氏鱼张开大嘴仅需要1/50秒，靠张嘴的强大吸力把猎物吸进胃部。巨大吸力和强劲咬合力同集于一身的邓氏鱼是动物界罕见的生物。

邓氏鱼的研究者韦斯特李特说："工作最有趣的部分就是发现这种体表多甲的鱼不仅张嘴时速度极快，合嘴时力度也相当大。"芝加哥大学学者菲利普·安德森也说："邓氏鱼能吞噬它生活环境中的一切生物。"可见邓氏鱼的强悍。

然而，邓氏鱼虽有巨大的身躯，却在运动速度和灵敏度输给了小小的鲨鱼，最终只能退出生物进化的舞台。

拓展思考

1. 邓氏鱼有什么样的生活习性？
2. 邓氏鱼灭绝的原因是什么？

动物界的进化历程

史前海洋的巨无霸——奇虾

奇虾，按名释义就是"古怪虾"，它还真是一种古怪的虾，而且是地球上已经灭绝的一类大型无脊椎动物。在中国、美国、加拿大、波兰及澳大利亚的寒武纪沉积岩均有发现的古生物。它是已知最庞大的寒武纪动物。根据推测，这种长达 2 米，能

※ 奇虾

够游泳的无脊椎动物"奇虾"，极有可能是活跃的肉食性动物，是当时海洋中的顶级捕食者。

◎奇虾形态特征

据奇虾化石我们可以看到，这种动物口器有十几排牙齿，直径有 25 厘米，粪便化石长 10 厘米，粗 5 厘米。由此推测，奇虾体长可能超过 2 米，它是已知的、最庞大的寒武纪动物。

奇虾的头前有一对多节的、带刺的，用于捕捉食物的强大前附肢，头的

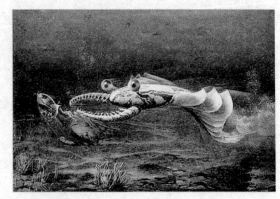

※ 奇虾模拟图

前上方有一对带柄的巨眼；头下方中央有一个由 32 个外唇极组成的圆形环形口器，口的最大直径可达 25 厘米，可吞食各种巨型动物，口中有环

状排列的外齿，对那些有矿化外甲保护的动物构成了重大威胁。

奇虾的身体构造很是独特，整个身体呈流线型，背腹扁平，身体分节但没有背甲，身体两侧有 11 对宽大的、有脉络支撑结构的桨状叶，尾扇区由 3 对片状的尾叶组成，并从尾端的背部中央向后伸出 1 对细长的尾刺。这一

※ 奇虾的两只大眼睛

切决定了它善于游泳，强于捕食的本领，使它在寒武纪海洋中是所向无敌的一个大家族。奇虾的食谱可能包括其他的食肉动物。它那么大的身体，那么大的嘴巴，还有那样一对强大的捕捉器官，可以捕食当时最大的活物，绝对不会只吃处于食物链最低位置的生物，因它爪太粗，抓取微小食物反而不是那么容易。

◎奇虾化石的发现

加拿大是第一个发现奇虾化石的国家，当时只发现一只前爪的化石，科学家误认为是虾的尾，还想象了一个虾头，由于它不是虾，所以命名为奇虾。1994 年，中国科学家在帽天山发现完整的奇虾化石，纠正了从前的错误，所谓的"尾巴"其实是它的爪子。

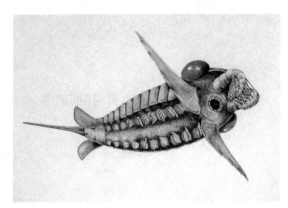

※ 奇虾化石

2011 年，世界上最早的大型食肉动物奇虾的复眼化石是由英国科学家在澳大利亚南部袋鼠岛发现的。经过分析，科学家发现奇虾每只复眼里竟然包含上万个"单眼"，功能非常强大。中国、加拿大等地都曾出土奇虾化石，但科学家还是第一次发现保存完好的奇虾复眼化石。该研究项目

的负责人、澳大利亚新英格兰大学的约翰·帕特松说："这一发现告诉我们，连节肢动物最古老的祖先之一都长有复眼，而且节肢动物在进化出硬壳和节足之前，就已经长出复眼了。"奇虾所处的正是所谓的"寒武纪生命大爆发"时

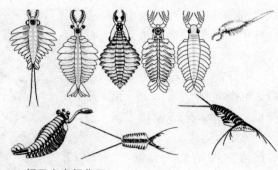

※ 帽天山奇虾化石

期。在这一时期，大批物种集中涌现，生存竞争非常激烈，捕食猎物的能力对于当时动物的生存和进化至关重要，而敏锐的视觉则能够大大增强定位猎物的能力。科学家由此推断，复眼使奇虾在进化过程中具有巨大的适应优势。此外，也有科学家认为，这种巨大的进化压力可能加速了"复眼"这种强大视觉器官的出现。

▶ 知识窗

奇虾是当时海洋中的"巨无霸"，它身处当时海洋食物链的顶端，能够轻而易举地猎获足够的食物，却没有任何其他生物可以威胁它的生存。然而，正如在陆地上无可匹敌的恐龙一样，奇虾也奇怪地绝灭了。究竟是在什么时候，因为什么原因永远从地球上消失的？奇虾的灭绝又将是一个有待解开的谜。

拓展思考

1. 什么是复眼？
2. 你认为奇虾消失的原因是什么？

动物界的进化历程

比看起来更古老的菊石

Bi Kan Qi Lai Geng Gu Lao De Ju Shi

菊石是软体动物门头足纲的一个亚纲，生存于中奥陶世至晚白垩世，是已灭绝的海生无脊椎动物。它最早出现在古生代泥盆纪初期（距今约 4 亿年），繁盛于中生代（距今约 2.25 亿年），广泛分布于世界各地的三叠纪海洋中，白垩纪末期（距今约 6500 万年）绝迹。现在人们所知道的有关菊石动物的知识，主要

※ 菊石复原图

来自保存为化石的菊石壳体和口盖，以及通过对菊石在地层中的分布和保存状态的观察，并基于与现代海洋中生活的鹦鹉螺科的对比而获得。

◎系统分类

菊石的系统分类有几种不同的方案，通常采用的一种是将菊石亚纲划分为 9 个目：

似古菊石目：腹方后颈式体管，具全侧叶或侧叶在个体发育过程中向侧方移动而形成较多的脐叶，泥盆纪。下分 4 个亚目：杆石亚目、无棱菊石亚目、似古菊石亚目、桥菊石亚目。

棱菊石目：腹方体管，卵形胎壳，在个体发育过程中，缝合线中有 1 至数个侧叶是由侧鞍鞍裂而成，中泥盆世——二叠纪。下分 2 个亚目：圆叶菊石亚目、棱菊石亚目。

海神石目：背方体管，卵形胎壳，晚泥盆世晚期。下分为 2 个亚目：棱海神石亚目、海神石亚目。

动物界的进化历程

前碟菊石目：腹方后向体管，腹叶窄而三分叉，背叶窄，简单或二分叉，肋线系发育，早石炭世——晚三叠世。

齿菊石目：体管在个体发育过程中由近中心位置移到腹方，缝合线多数为齿菊石式，少数为棱菊石式或菊石式，生活在二叠纪与三叠纪之间。

叶菊石目：菊石式缝合线，鞍部分化为众多小圆叶状，生活在三叠纪至白垩纪之间。

弛菊石目：壳体平卷，菊石式缝合线，叶和鞍少，多次二分叉，无肋线系，背叶尖，生活在侏罗纪至白垩纪之间。

※ 彩斑菊石

菊石目：菊石式缝合线，简单或复杂，鞍主要二分，有时三分，但不呈小叶状，然后再次二分，生活在侏罗纪至白垩纪之间。

曲菊石目：壳体平卷，或作不规则卷曲，乃至呈直杆状，菊石式缝合线，仅有一个背叶和腹叶，一对侧叶和脐叶，腹叶二分叉，侧叶二分叉或三分叉，与菊石目同一时期，也生活在侏罗纪至白垩纪之间。

在目和亚目以下，又进一步分为超科（约 80 个），科（约 280 个）和属（约 2000 个），以及许多种和亚种等。

◎壳的形态

菊石是由现在仍然存活在深海中的鹦鹉螺进化而来的，属于头足类动物，运动的器官在头部。体外有一个硬壳，与鹦鹉螺的形状相似。菊石类壳体的大小差别很大，一般的壳只有几厘米或者几十厘米，最小的仅有一厘米；最大的比农村的大磨盘还要大，可达到2米。壳体是一个以碳酸钙为主要成分的锥形管，由原壳、闭锥和住室三部分组成。原壳是壳体最早发生的部分。闭锥由若干气室组成，中间有一条细小的体管通过，住室是菊石软体所在的部分。由于菊石的软体部分不能保存为化石，故在复原时只能参考现在的头足纲动物章鱼、乌贼进行复原。在菊石的壳表面可以有不同的纹饰，横向和纵向的纹线最常见，有些菊石还具有壳刺、瘤或结节等突起。菊石的缝合线是最引人注目的壳内构造，它是鉴定菊石属种的重要特征，对于缝合线的成因目前还没有定论，有些古生物学家认为缝合线是为了调节整个身体的比重而形成。

壳的形状多种多样，由薄板状至圆球形都有，有的呈三角形旋卷，有的呈直杆状或呈环形，腹部尖形，平板状或圆形等。其中以三角形旋卷的壳在菊石中占绝大多数。根据壳体的旋卷程度很不相同，大致可以分为松卷、触卷、外卷、半外卷、半内卷和内卷。

◎缝合线

菊石的系统分类标志有壳体形状、旋卷程度、壳表装饰、体管位置和缝合线的特征等。其中，具有特别意义的是缝合线。每条缝合线可以分为外缝合线和内缝合线。外缝合线是壳体外表面的一段缝合线，内缝合线是背部表面的一段缝合线。缝合线的基本要素是叶和鞍。叶是缝合线向后弯曲的部分，鞍则是向前弯曲的部分。按照叶和鞍分布的位置，分别称为腹叶（或腹鞍）、背叶（或背鞍）、侧叶（或侧鞍）等。缝合线在侧面未完全变成独立的鞍和叶的一系列褶曲称为肋线系；位于腹叶和第一侧叶之间的一系列次生鞍和叶称为偶生鞍和叶。叶和鞍的增生有两种方式：①鞍裂式，由鞍部分裂，形成独立的叶和鞍；②叶裂式，由叶部分裂，产生新的叶和鞍。按照叶和鞍的形态，可以将菊石缝合线归纳为4种基本类型：①无棱菊石式：叶和鞍完整，数量少，侧面只有1片宽圆形的叶，见于泥盆纪菊石；②棱菊石式：叶和鞍完整，数量较多，叶较尖，见于泥盆纪至三叠纪菊石；③齿菊石式：鞍完整，叶呈锯齿状，见于石炭纪至三叠纪菊石；④菊石式：叶和鞍强烈分叉或齿化，见于二叠纪至白垩纪菊石。

◎菊石化石的意义

菊石化石均产于浅海沉积的地层中，并与许多海生生物化石共生。通过对化石的研究，古生物学家推测，菊石可能栖居在热带至温带的、有一定深度的海域，又因菊石壳壁厚薄、壳形和壳表装饰的不同而有不同的生活习性，例如：壳壁较厚和具有较粗强壳饰的类型是活动较少的类型；壳壁较薄、表面平滑和具有尖饼状壳形者是活动较多、栖居于较深水体的类型。我国西藏的珠穆朗玛峰地区有大量的菊石化石，甚至随手可得，因为在 2 亿多年前，那里曾经是古喜马拉雅海，由于造山运动，地壳上升，海底变成了高山。因此，生活在海洋底层的菊石，就呈现在地面上，成为喜马拉雅山地壳运动变化的见证物，同时也为恢复当地的古生态环境提供了有利的证据。

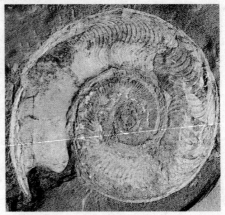

※ 菊石化石

菊石是划分和对比地层最有效的标准化石，可划分出颇为精细的菊石带。在中国古生代和中生代地层中所含的各种菊石，都具有重要的意义。

▶ 知识窗

　　菊石化石是推算岩石年代最有用的化石。利用菊石，专家可以将地质年代划分精确到 50 万年。如果你认为地球的年龄为 46 亿年，那么 50 万年就是非常短的时间段。侏罗纪和白垩纪的大部分时期，就是利用菊石以此种方法划分的。菊石化石分布地很广，发现相同种类化石的地点可能相隔数千千米。这是因为在侏罗纪，泛大陆开始分裂，给菊石散布到全世界提供了航道。

┃拓展思考┃

1. 菊石灭绝的原因是什么？
2. 菊石是如何一步步分化的？

无

第二章

脊椎生物王国

WUJIZHUISHENGWUWANGGUO

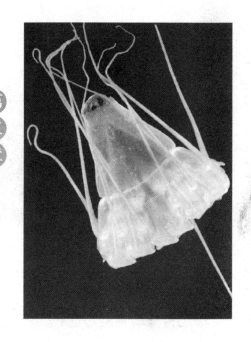

动物界的进化历程

无脊椎动物的进化

Wu Ji Zhui Dong Wu De Jin Hua

无脊椎动物是背侧没有脊柱的动物，其种类数占动物总种类数的 95％。它们是动物的原始形式。其种类数占动物总种类数的 95％。分布于世界各地，现存约 100 余万种。包括棘皮动物、软体动物、腔肠动物、节肢动物、海绵动物、线形动物等。

无脊椎动物是动物界中除原生动物界和脊椎动物亚门以外全部门类的通称。

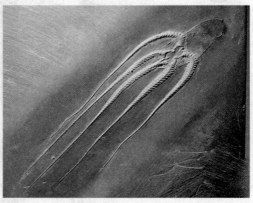

※ 无脊椎动物化石

◎无脊椎动物的特征

无脊椎动物大多数体型很小，但同样是无脊椎动物的软体动物门头足纲大王乌贼属的动物也会有很大的体型，它们体长可达 18 米，腕长 11 米，体重可以达到 2 吨左右。

多数无脊椎动物生活于水中，而且大部分是海产，如海绵动物、放射虫、珊瑚虫、乌贼类及棘皮动物等，都是海产的，部分种类可生活在淡水中，如水螅、一些螺类、蚌类及淡水虾蟹等。蜗牛、鼠妇虫等喜欢生活在陆地潮湿处。而蜘蛛、多足类、昆虫则大部分是陆生动物。在水生的种类中，体小的过着自由的浮游生活；身上背着外壳的，部分在水底爬行，如虾、蟹；部分埋栖于水底的泥沙中，像沙蚕蛤类；也有的附着在水中外物上，比如藤壶、牡蛎等。无脊椎动物还有不少种类是寄生的，它们寄生在其他动物、植物体表或体内（如寄生原虫、吸虫、绦虫、棘头虫等）。

有些种类如蚓蛔虫和猪蛔虫等可能会给人类带来危害。

◎运动系统

无脊椎动物的运动系统包括身体支撑和前进两部分。

无脊椎动物没有脊椎动物那一根背侧起支撑作用的脊柱和狭义的骨骼。广义的骨骼包括外骨骼，内骨骼和水骨骼三种。而无脊椎动物拥有的正是这三种骨骼。

外骨骼指的是甲壳等坚硬组织，如蜗牛的壳，螃蟹的外壳，昆虫的角质层都属于外骨骼。

内骨骼存在于脊椎动物，半脊椎动物，棘皮动物和多孔动物中，在内起支撑作用。多孔动物的内骨骼并不是中胚层起源的。棘皮动物的内骨骼是由碳酸钙和蛋白质组成的，这些化学物晶体按同一方向排列。

水骨骼是动物体内受微压的液体（包括无体腔动物的扁形动物）和与之拮抗的肌肉，加上表皮及其附属的角质层的总称，是无脊椎动物的主要骨骼形式。除了上述的软体动物，棘皮动物和节肢动物外的其他无脊椎动物都拥有水骨骼。

无脊椎动物的运动方式有多种：可以借助纤毛的摆动前进。没有环形肌的线形动物可以通过两侧纵肌的交替收缩实现蛇行；有刚毛有环形可以蠕动，如蚯蚓。这是通过不同节段纵，环肌肉交替收缩实现的。

还有可通过膨胀身体某节段实现固定，身体的另外部分收细前钻的，如星虫。有爪动物则可以爬行。少数昆虫可以飞行。

◎排泄系统

无脊椎动物不像脊椎动物，并不是都有排泄器官。例如扁形动物，它们排泄靠的是位于下表皮向内伸出的表皮突起的排泄细胞完成的。在无脊椎动物中，常见的排泄器官是原肾管和后肾管。

◎神经系统

无脊椎动物的神经系统比较简单。从最原始的神经细胞，到神经细胞集合成为神经节，到最后大脑的形成。其进化也经历了由弥散的神经网到有序的神经链，到中枢和梯状神经系统的出现这样一个由简单到复杂的过程。

感觉器官的进化也由刺胞动物的感觉棍（有视觉和重力觉），经过扁形动物头部神经细胞群集形成的"眼"，直到昆虫的复眼和头足动物，例如乌贼的眼（是由外胚层形成的），分辨率不断上升。这更有利于动物逃避敌害和捕食。

◎消化系统

刺胞动物是桶形的，口和肛门是身体的同一部位。其消化系统被称为胃管系统，它和扁形动物分支的肠一样，行使消化和运输功能，它们还没有形成循环系统。

内寄生的线形动物肠已经退化，它们靠头节吸取宿主小肠内的营养。但大部分的真后生动物都有比较完备的、贯穿身体全长的消化管道，以及与之配合的消化腺和循环系统，进行细胞外消化。其消化管道通常由口，咽，食道（有如蚯蚓者，它还有膨大的嗉囊），（肌肉）胃，肠和肛门组成，而双壳纲动物甚至用鳃过滤食物。

◎循环系统

无脊椎动物不一定有循环系统，例如，上述的刺胞动物，扁形动物，缓步动物和线形动物。而有循环系统的动物，又有如软体动物的开放式循环系统（头足动物的循环系统有向闭合式的趋向）和环节动物的闭合循环系统。在昆虫和蜘蛛等动物身体里有的是血淋巴。

循环系统的任务是运输。它将呼吸系统里的氧气和消化系统的营养物质运输到身体的各个部位，而将代谢废物运输到排泄器官。

◎呼吸器官

无脊椎动物和其他生物一样，靠氧化能源物质来获得能量，这个过程需要呼吸系统提供氧气。无脊椎动物最常见的呼吸器官是鳃。但昆虫的呼吸器官却是气管，它们在体表有可关闭的气门，向体内不断细分，可以不经过循环系统直接将氧气运输到细胞的线粒体旁边，这是非常有效的一套呼吸系统。

◎生殖系统

无脊椎动物的繁殖方式多种多样。首先可分为有性和无性两种。有些动物，如刺胞动物和寄生虫线形动物，有世代交替现象。如果雌雄同体的无脊椎动物，还会出现自体交配现象。

无性生殖常见的形式是出芽生殖。它们像植物一样繁殖，多见于刺胞动物的无性世代繁殖。

有性生殖主要是通过生殖细胞的结合完成。常见的是两个个体通过各自提供不同的交配类型的生殖细胞共同完成。也可由一者单独完成。后者见于猪肉绦虫，它性成熟的体节会受精于后一节体节。蚯蚓偶尔也会出现自身交配现象。

两个个体交配时，通常两者各作为雌雄异体的一方，（即使雌雄同体的双方，在它们的交配时也只扮演一种性别角色，如蚯蚓和蜗牛等）。无脊椎动物的交配形式可谓千奇百怪。如蚯蚓交配时，双方利用生殖带分泌的液体粘在一起。一方的生殖带正对另一方生殖孔。精子从作为雄性一方的生殖孔排出，顺着自身体表的精子沟到达对方精子袋中被储存，等待与对方卵子的结合。

世代交替的繁殖非常有趣，以钵水母为例。水母会通过精卵融合的有性生殖方式，生育出水螅。然后水螅经过无性生殖，即旁支出芽分裂，经过叠生体和蝶状幼体阶段后再次成为水母。

因为无脊椎动物体内没有调温系统，它们的代谢速度随外界温度的变化而变化，它们基本都是变温动物。直到高等的软骨鱼类，如鲨鱼出现调温机制，温血动物才出现。真正意义上的恒温动物应该从鸟类开始。

地球上无脊椎动物的出现早于脊椎动物。大多数无脊椎动物化石在古生代寒武纪已可见，如我们前面提到的节肢动物三叶虫。

随后发展到了古头足类及古棘皮动物。到古生代末期，古老类型的生物大规模绝灭。中生代还存在软体动物的古老类型，如菊石，到末期即逐渐绝灭。软体动物现代属、种开始大量出现，到新生代演化成现代类型众多的无脊椎动物，而在古生代盛极一时的腕足动物至今只残存少数代表，如海豆芽。

在奥陶纪的海洋里，鹦鹉螺堪称顶级掠食者，它的身长可达 11 米，主要以三叶虫、海蝎子等为食，在那个海洋无脊椎动物鼎盛的时代，它以庞大的体型、灵敏的嗅觉和凶猛的嘴喙霸占着整个海洋。

鹦鹉螺已经在地球上经历了数亿年的演变，但外形、习性等变化很小，被称作海洋中的"活化石"，在研究生物进化和古生物学等方面有很高的价值。鹦鹉螺在古生代几乎遍布全球，但现在基本绝迹了，目前只是在南太平洋的深海里还存在着六种鹦鹉螺。

无脊椎动物笔石是奥陶纪最奇异而特殊的类群，自早奥陶世开始，即已兴盛繁育，广泛分布，有的固着，有的匍匐，有的游移，有的漂浮。奥陶纪的笔石主要是正笔石目的科属，如对笔石、叶笔石、四笔石、栅笔石等。

大约 6 亿年前，在地质学上称作寒武纪的时期开始，绝大多数无脊椎动物门在几百万年的很短时间内出现了。

这种几乎是"同时"地、"突然"地出现在寒武纪地层中门类众多的无脊椎动物化石（节肢动物、软体动物、腕足动物和环节动物等），而在寒武纪之前更为古老的地层中长期以来却找不到动物化石的现象，被古生物学家称作"寒武纪生命大爆发"，简称"寒武爆发"。其至今仍被国际学术界列为"十大科学难题"之一。

※ 鹦鹉螺

▶知识窗

　　恒温动物即温血动物，指鸟类和哺乳类动物，自身有比较完善的体温调节机制，能在外界环境温度变化的情况下保持自身温度相对稳定。

　　恒温动物不像冷血动物（变温动物）那样依赖外界温度。它们可以通过新陈代谢产生稳定的体温。通过身体的体温调节系统保证体温的恒定，并且能在外界温度升高的状态下排出热量。通过体内液体的蒸发实现，如人类的汗，猫的舔舐等。

拓展思考

1. 你所知道的无脊椎动物有哪些种类？
2. 无脊椎动物有哪些特征？
3. 无脊椎动物的进化经历了怎样的过程？

可以分裂的小鞋子

Ke Yi Fen Lie De Xiao Xie Zi

◎草履虫构造

原生动物是动物界中最低等的一类真核单细胞动物，原生个体由单个细胞组成。与原生动物相对，一切由多细胞构成的动物，都称为后生动物。

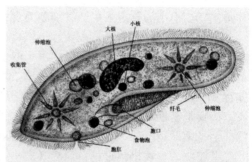

原生动物的个体一般很微小，绝大多数仅在2～5毫米之间。但原生动物的生活领域十分广阔，它们在海水及淡水内均能存活，底栖或浮游；也有不少生活在土壤中或寄生在其他动物体内。原生动物一般以有性和无性两种世代相互交替的方法进行繁殖。

根据运动的胞器，原生动物又可分为：

鞭毛虫纲：身体前端着生一个鞭毛或多根鞭毛。有些体内具色素体，能够借助日光的能量，自己制造食物，能够像植物一样自养，属于植鞭毛类；另一类是体内不具色素体的异养类型，称为动鞭毛类。因为植鞭毛类能分泌硬体，因此现可得化石较多。动鞭毛类不能分泌硬体，至今未见化石，虽然在先寒武纪其化石即可能已存在。

纤毛虫纲：以密生于体外的纤毛运动。现生的草履虫为本纲的典型代表，铃纤虫是本纲的重要化石。

孢子虫纲：以孢子繁殖且无运动胞器。至今未见化石。

肉足虫纲：肉足纲运动胞器并非是真的足类，而是由细胞质外突而成，有叶状、丝状等多种形状。肉足纲多数能分泌外壳，是原生动物中化石最多的一个纲。

这里以现生草履虫作为原生动物的代表。

草履虫即由一个细胞组成，体内有一对成型的细胞核，即营养核（也称大核）和生殖核（又称遗传核、小核），进行有性生殖时，小核分裂，大核消失，小核渐渐生长形成新的大核和小核，故称其为真核生物。草履虫身体表面有一层表膜，它的作用除了维持草履虫的体型外，还有助于内

外气体交换——吸收水里的氧气，排出二氧化碳。在表膜上密密地长着近万根纤毛，这些纤毛划动水，小小的草履虫就可以旋转运动了。它身体的一侧有一条凹入的小沟，叫"口沟"，就是草履虫的"嘴巴"。

沟内密长的纤毛摆动时，能把水里的细菌和有机碎屑作为食物摆进口沟，无口沟的一侧会以边为顶点进行圆周旋转，更大的碎屑被纤毛排出，再进入草履虫体内，形成食物泡，然后消化吸收。食物残渣由胞肛排出。

草履虫有多种生殖方式，可分无性、接合、内合、自配、质配等等。

草履虫作为生物圈里有许多单细胞生物之一，与我们的生活环境关系非常密切。小小的草履虫主要以细菌为食，所以可以帮助我们净化污水。

草履虫细胞器有表膜，大核，小核，食物泡，纤毛等等，它们的功能分工各有不同。它的胞口就是口沟用于取食。草履虫就是靠这道口沟形成个食物泡，它的每个食物泡中大约含有 30 个细菌，一只草履虫每天大约能吞食 4.3 万个细菌，对污水净化很有帮助。

表膜是帮助草履虫获取氧气，二氧化碳的排出也是通过表膜。草履虫的纤毛是辅助运动的，草履虫靠纤毛的摆动在水中旋转前进。

草履虫的食物排泄过程：口沟（食物进入）——食物泡（消化）——胞肛（排遗）

草履虫是动物界中最原始，最低等的原生动物。它们喜欢生活在含有较多有机物的稻田、水沟或流动性不大的池塘中，以细菌和单细胞藻类为食。

▶知识窗 ....

·我国常见的草履虫种类·

1. 大草履虫，体长 180～280 微米，后端圆锥形，锥顶角度约 45°～60°。两个伸缩泡均有收集管。生活在有机质较多的死水或缓流中。

2. 双小核草履虫长 80～170 微米，形似尾草履虫，但后部较前部更宽，后端锥形，顶角近 90°。有伸缩泡两个，收集管较短。生活环境和大草履虫相同。

3. 多小核草履虫长 180～310 微米，形似大草履虫，有时有三个伸缩泡。生活环境和大草履虫也相同。

4. 绿草履虫体长 80～150 微米。细胞质内有绿藻共生，在见光处培养后通体呈绿色。生活在清水池塘。

5. 放毒型草履虫，草履虫中有一些可以产生一种毒素（草履虫素），这种毒素可杀死其他类的草履虫，而对自身却无害。

| 拓展思考 |

1. 草履虫对人类有什么帮助？

2. 草履虫是怎样繁殖的？

海中花魁——海葵

Hai Zhong Hua Kui —— Hai Kui

海葵花栖息在海洋之中，有着鲜花的外表，却比鲜花更加漂亮。然而，它不是植物，而是一种和水母、海蜇、珊瑚虫一类的腔肠动物。

海葵的长度从1毫米到1米不等。在不同的海域，它的形态会有较大的差异。在热海海域生活的海葵花一般体形都比较大，色泽明艳，而在寒冷海洋中的海葵花则相对较小，颜色也会显得单调。

海底的海葵花有着玫瑰花样的外

※ 海葵

貌，躯干上端的一圈向四周散开的触手，很像玫瑰的花瓣，所以有"海底玫瑰"之称。又因为它的五颜六色和触手极像舒展的菊花，又得名"海底菊"。然而，摘取美丽的海葵花并不是一件容易的事，因为不等到你触碰到它，它便会吐出一股清水，迅速收回触手，紧紧缩成一团。

貌美的海葵显得高贵而典雅，然而它有着惊人的胃口，它可以将虾和小鱼一并吞下，而且它的胃口仿佛永远那么好。海葵有着和海蜇一样柔软的身体，可是它的每条触手的尖端都有一个毒囊，在毒囊里会有一根盘着的线，在遇到猎物时，线盘将毒囊刺破，毒液便会流出来，刺杀靠近身边的猎物。正是因此，一些海底生物常对它心生畏惧。

海葵像一朵朵娇艳的鲜花，它可以用吸盘将自己埋伏在浅海附近的岩石上。它的身体呈圆筒状，鲜艳的触手随时捕捉那些从它身边经过的漫不经心的小鱼。像水母一样，海葵带刺的触手也会释放毒液将鱼麻痹，然后送入位于身体中心部位的口部，将鱼吃掉，再由口部排出剩余的残渣。海葵的盘足可以在岩石表面缓慢地滑行，有些"聪明"的海葵会长到贝壳上，让贝类背着它们四处游荡捕食。

海葵经常会爬上寄居蟹的螯上，在上面安家，遨游海底。所以渔民在抓到海蟹时，会看到吸附在上面的海葵。海蟹在海里经常四处游荡，海葵就会随着海蟹四处遨游，这就扩大了它们的觅食领域。海葵利用海蟹的移动而四处觅食，海蟹利用海葵来掩护自己，在有天敌靠近时，海葵还可以释放毒液保障它的安全。两者之间形成一种友好的、相互利用的关系。

还有海底的一种小丑鱼，喜欢在靠近海葵的地方活动，小丑鱼身上五彩斑斓的花纹，经常会招引许多的小鱼小虾，海葵靠身边的小丑鱼可以很轻松地捕捉到许多猎物。而小丑鱼遇到攻击时，海葵的身体就成了避难的场所。

与海葵为邻的小丑鱼体表可以分泌出一种黏液，它能够有效防止海葵身上的毒液。如果身上没有黏液，那么它们会被海葵蛰的四散而逃。

海葵附着在岩石上不能动弹时，小丑鱼便会隐藏在海葵的触手中招引猎物，海葵则会趁机大肆捕捉，而小丑鱼就可以躲在触手中捡食海葵吃剩下的残渣。

海葵的身上还会出现一种寄生虾，这种虾经常会徘徊在海葵的触手间，它一边为海葵整理触手，一边吃触手上残留的食物残渣。所以，这些寄生虾也被亲切地称为"葵虾"。

海葵在海底不会固定地待在一处，它们会缓慢地滑行或是依靠众多的触手做翻转运动。有些海葵还可以在水中做一些距离较短的游行。

▶ 知识窗

·海葵的毒·

海葵的毒液对人体的伤害并不是很大，如果不小心触碰到了，会有一种刺痛或者瘙痒的感觉。但如果把它们捉了煮着吃，有可能会产生呕吐、发烧甚至腹痛等症状，这就代表你已经中毒。

拓展思考

1. 海葵与小丑鱼是怎样合作的？
2. 海葵花是植物还是动物呢？

环节动物——水蛭

Huan Jie Dong Wu —— Shui Zhi

水蛭又叫蚂蝗，属环节动物蛭纲类。体背扁平，体节固定，一般有 34 节，后 7 节合为吸盘，所以可见多是 27 节。每体节又分数体环。头部不明显，有几对眼点，没有刚毛。口内有 3 个半圆形的颚片围成一 "Y" 形，当吸着动物体时，用此颚片向皮肤钻进，吸取血液，由咽经食道而贮存于整个消化道和盲囊中。身体各节均有排泄孔，开口于腹侧。雌雄生殖孔相距 4 环，各开口于环与环之间。前吸盘较易见，后吸盘更显著，吸附力也强。

水蛭体长稍扁，乍视之似圆柱形，体长约 2～2.5 厘米，宽约 2～3 毫米。背面绿中带黑，有 5 条黄色纵线，腹面平坦，灰绿色，无杂色斑，整体环纹显著。

蚂蝗多数生活在淡水环境中，少数生活在海水或咸水之中，还有一些是陆生和两栖的。它们中有些种类以吸取血液或体液为生，有些种类以捕食小动物为食。

◎生活习性

水蛭是冷血环节动物，在中国南北方均可生长繁殖。它主要生活在淡水中的水库、沟渠、水田、湖沼中，以有机质丰富的池塘或无污染的小河中最多。

适宜生长的温度为 10℃～40℃，北方地区低于 3℃时在泥土中进入蛰伏冬眠期，次年 3～4 月份高于 8℃左右出蛰活动。水蛭为杂食性动物，以吸食动物的血液或体液为主要生活方式，常以水中浮游生物、昆虫、软体动物为主饵。

◎繁殖习性

水蛭雌雄同体，异体交配，体内受精，同时兼具雌雄生殖器官，交配时互相反方向进行，生活史中有"性逆转"现象，存在着性别角色交换，一条水蛭既可做爸爸也可做妈妈，在一生的不同时期扮演不同的角色。交配后一个月左右，雌体生殖器分泌出稀薄的黏液，中包被卵带，形如"蚕茧"，排出体外，在湿泥中孵化，温度适宜，约经 16～25 天从茧中孵出幼蛭，便开始了独立的生活。

▶知识窗

　　发现蚂蟥已吸附在皮肤上，不要强行拉扯，用手轻拍可使其脱离皮肤；用食醋、酒、盐水、烟油水或清凉油涂抹在蚂蟥身上和吸附处也能使其自然脱出。否则蚂蟥吸盘将断入皮内引起感染。蚂蟥脱落后，伤口局部的流血与丘疹可自行消失，一般不会引起特殊的不良后果。只需在伤口涂抹碘酒预防感染即可。

◎预防措施

　　从事水田作业时，可穿长筒靴避免浅水中蚂蟥的叮咬；在亚热带丛林中工作或旅游时，穿长衣长裤并扎紧领口、袖口和裤脚，以防旱蚂蟥爬入叮咬。

┃拓展思考┃
1. 水蛭的性逆转是怎么回事？
2. 水蛭是怎么行动的？

动物界的进化历程

腕足豆芽菜——海豆芽

Wan Zu Dou Ya Cai —— Hai Dou Ya

在自然界还有一种软体动物双壳类外形很相似的动物，它们就是海生腕足类动物。腕足动物是繁盛于地史时期具有两瓣壳的海生无脊椎动物。两壳左右对称，并以中纵切面为对称面。

然而，软体动物双壳类的两壳覆在动物体的左右两侧，两壳互相对称；腕足动物的两壳则盖在动物体的背、腹两方，每瓣壳以纵切面为中心左右对称，肉茎通过的壳瓣往往较大，生活时大都位于下方，故称茎壳、大壳或腹壳。而且双壳软体动物则左右两壳相等，而腕足动物的两瓣壳大小不等，较大的为腹壳，较小的为背壳。

腕足动物的现生种类很少，大多数已绝灭，分类系统主要依据保存为化石的贝壳的构造特点建立。目前，据库珀（1979）统计大约已描述了2300属，3万种。

腕足动物，包括化石在内，最初见于寒武系，起源可能在寒武纪之前。

◎舌形贝

舌形贝类是无铰小腕足类，壳由几丁质组成。多生长在正常的海洋环境，但在不适于大多数生物生活的多泥、缺氧的半咸水中也很普遍。

小舌形贝属是寒武系的化石，外形和构造上都与现代海豆芽属类似。鳞舌形贝属，外形不同于其他舌形贝类，形态更像泪滴。

舌形贝类对古生物的进化研究有很重要的意义，它们多是提供环境信息的有用化石；对于地层对比作用不大；是寒武纪腕足动物群的重要成员。

舌形贝，俗名海豆芽，是世界上已发现生物中历史最长的腕足类海洋生物，多生活在温带和热带海域。

属于无铰小腕足类，外形呈壳舌形或长卵形。壳由几丁质组成，壳壁脆薄，几丁质和磷灰质交互成层。其肉茎粗大且长，能在海底黏洞穴居住，肉茎可以在洞穴里自由伸缩。绝大部分时间居住在洞穴里，只靠外套膜上面三个管子和外界接触。

◎形态特征

舌形贝形状像舌头或卵圆形。两壳凸度相似，大小基本相等，但腹壳略长，壳壁薄而脆，由几丁质和磷灰质交互成层。壳面有油脂光泽，并长有同心纹。肉茎特长，自两壳间伸出，深埋于潜穴中，在腹壳假铰合面上有肉茎沟，即一个三角形的凹沟。外套膜边缘具刚毛，促使水由前方两侧进入腕腔，再由前方中央排出。

小舌形贝两壳大小相等，长卵形至亚三角形，前缘圆。腹壳后缘比较尖锐，有清晰的假铰合面和茎沟。背壳稍短。壳面也有同心纹，有时纹路呈断续的层状，或放射状。

◎化石发现

2004年，最新发现的舌形贝型腕足动物——海口西山贝。

经化石解剖、形态比较，贝体轮廓呈圆形，刚毛长、浓而坚硬，肉茎长而粗大，经鉴定为一新属、新种。它们应属于圆货贝类，但可能的肌肉系统显示这类生物可能与神父贝类相关；结合形态特点和生态特征，认为这类生物并非可能穴居生活，而以肉茎固着海底、营滤食生活。它们的发现丰富了澄江化石库腕足动物的多样性，对于理解早寒武世腕足动物分异有重要意义。

舌形贝由少量的壳质素和大量的碳酸钙组成，且可分为3层，最外层为黑褐色的角质层（壳皮），薄而透明，有防止碳酸侵蚀的作用，由外套膜边缘分泌的壳质素构成；中层为棱柱层（壳层），较厚，由外套膜边缘分泌的棱柱状的方解石构成，外层和中层可扩大贝壳的面积，但不增加厚度；内层为珍珠层（底层），由外套膜整个表面分泌的叶片状霰石（文石）叠成，具有美丽光泽，可随身体增长而加厚。

方解石和霰石的主要化学成分都是碳酸钙。舌形贝的外层具有多条深浅颜色相间、同心环状的生长线，但这并不反映它们的年龄；它们的形成是由于外套膜边缘受到某些因素的影响不能继续分泌的结果，如，食物不足、季节不同、生殖期间等。

▶知识窗

·历史最长舌形贝·

腕足类在寒武纪大爆发突然崛起，泥盆纪到达巅峰，二叠纪后逐渐衰落，现在仅存300种，主要生活在冷水海洋环境的软基底沙底泥穴或沙穴中。

薄的壳有利于它们快速掘洞。在掘洞时先将肉茎弯曲，是扁长、薄的壳前端朝下直直插入泥沙中，然后通过壳瓣的左右旋动进行掘穴。

　　舌形贝在早寒武纪以后，舌形贝的形态和习性都不曾有大的改变，所以现生的舌形贝可算是生物中的活化石！

拓展思考

1. 腕足类动物与软体动物门双壳类有什么区别？
2. 舌形贝有什么特征？

动物界的进化历程

顶盔戴甲的节肢动物

Ding Kui Dai Jia De Jie Zhi Dong Wu

节肢动物是动物界最大的一个门。节肢动物的身体共有头、胸、腹三部分，附肢分节，故名节肢动物。节肢动物共有的一大特点是，具几丁质的外骨骼并有蜕皮现象。

节肢动物门共有 110～120 万现存种，占动物总种数的 4/5，共分 9个纲，早期的三叶虫纲就是其中之一，此外，还有甲壳纲、肢口纲、蜘蛛纲、蛛形纲、海蜘蛛纲、昆虫纲等。

节肢动物庞大的种类和数量，对人类的生活及生态系统都具有相当的影响力。

◎横行霸道的螃蟹

螃蟹，是十足目中的一个类，这个类中的大部分动物在海中生活，但也有不少生活在淡水中或陆地上。

螃蟹是杂食性动物，主要靠吃海藻为生，有时也会吃微生物、虫类等等，根据种类而定。

◎形态特征

螃蟹身上有坚硬的甲壳，用以自我保护，免受到天敌侵害。由于甲壳不会随着身体成长而扩大，螃蟹生长就受到限制，只能间断性生长，也就是每隔一段时间，螃蟹就要蜕去旧壳。

地球上体型最大的螃蟹是蜘蛛蟹，它们的脚张开来宽达 3.7 米，最小的螃蟹是豆蟹，直径不到 0.5 厘米。

螃蟹作为节肢动物，五脏俱全。去掉螃蟹的硬壳后，可发现螃蟹的身体部分受到一层壳的保护，生物学家称这些像盾状的壳为背甲。螃蟹身体左右对称，可区分为额区、眼区、心区、肝区、胃区、肠区、鳃区。螃蟹身体的两边有附属肢连接。头部的附属肢称为触角，具备触觉与嗅觉功能，有些附属肢有嘴部功能，用来撕裂食物并送入口中。

螃蟹胸腔有五对附属肢，称为胸足。位于前方的一对附属肢还备有强壮的螯，可做来觅食之用，其余的四对附属肢就是螃蟹的脚，螃蟹走路移动要依靠这四对附属肢，它们走路的模样独特而有趣，大多是横着地走而不是往前直行。除了和尚蟹，它们是直着走的。

◎生活习性

大部分时间，螃蟹都是在寻找食物，霸道的它们并不挑食，只要螯能够弄到的食物都可以吃。小鱼虾是它们的最爱，有些螃蟹也吃海藻，甚至于连动物尸体或植物都能吃。

螃蟹同时又是其他动物的食物，如人类就把螃蟹当美食佳肴。爱吃螃蟹的还有水鸟，而有些鱼类也像人类一样喜爱吃蟹脚。未成年的幼蟹成群在海中浮游时，更有可能会被其他海洋生物狼吞虎咽，为了繁殖下代，因此螃蟹产卵时要下很多的卵。

繁殖季节，母蟹都会产下很多的卵，数量可达数百万粒以上。这些卵在母蟹腹部孵化后，幼体即可脱离母体，随着沿岸潮流到处浮游。经过几次退壳后，长成大眼幼虫，大眼幼虫再经几次退壳长成幼蟹，幼蟹有着和成蟹相同的外形，再经过几次退壳后就是成蟹了。但大部分的海水蟹类都是卵成熟后，不孵化直接排放于海洋。

◎生理特征

蟹的躯体具有很强的再生功能。蟹的10肢都有天生的"折断线"。若有一肢因受伤将要断掉，它便立即收缩一种特别肌肉，断掉这一肢。断去的肢体并不流血，因为肢内有特别的膜，将神经与血管完全封闭。身上又有特别的"门"，能将断处关闭，血细胞立即产生蛋白质，开始长出新肢。

蟹还有一对很特别的"复眼"，视角可达到180°。"复眼"的眼珠下面连接着一个眼柄，藏在甲壳上的坚硬眼窝中，依靠这对眼柄螃蟹的两眼可以分别向外伸出。假如一只眼睛坏了，很快又会长出一只新的眼睛。不过，它的眼珠和眼柄如果全部损坏或割断后，就不能再长出新的眼来，只能在眼窝中多长一只触角。

除了口和蟹螯的尖端，蟹的另外8条腿还有"辨味"功能。1930年，生物学家曾将一只蟹放在纸面上，并在纸面几处渗进肉汁，这只蟹的最后一对"腿"碰到了肉汁，就立刻抓住不放并开始咬食。科学家经过研究发现，螃蟹足基节上的膜状圆盘可以用来呼吸。足上的薄膜内有一个复杂的血管系统，由此可将含氧血和非含氧血运送交换。

蟹的"腿"还有非常敏锐的感觉系统，它们可以觉察水中的震动，第一对"腿"能侦察出很远的物体和液体的动荡。蟹的5对"腿"所蕴藏的复杂系统和功能现在还不能清楚地了解到。

◎招潮蟹

在退潮的海边行走时，你很有可能会遇到一种奇怪的小蟹。

※ 招潮蟹

蟹体的两只螯与身体大小悬殊，显得极不对称，摆在前胸的大螯又仿佛是武士的盾牌。每当退潮时，它便爬出洞穴，在海滩上来回奔跑觅食。每当潮水来袭，快要淹没它的老巢时，它又躲进洞中，在洞口舞动那只粗壮有力的大螯，好像是在欢迎潮水的到来，因此被称为"招潮蟹"。

招潮蟹那对火柴棒模样的眼睛，也显得独特有趣。

招潮蟹的体色会随着昼夜的交替发生变化。白天它是黑色的，在显微镜下放大观察，可以清楚地看到招潮蟹体细胞里的色素向四周扩散，犹如一把大黑伞缓缓撑开。到了夜间，色素颗粒又会收缩到一块，于是体色变浅，呈青灰色。

▶ 知 识 窗

很多蟹体内还有特殊的"时钟"，能使蟹壳颜色出现有规律的变化。生物学家发现，蟹身上有红、白、黑三种色素。白天它壳上散布着红、黑两种色素，使蟹壳的颜色比较深暗。夜里，这些色素减退，蟹的颜色变得浅淡。这种变化的生物学意义还有待揭示。有些在水下的蟹能利用天体及分析偏振光方法决定行动方向。一些科学家的实验证明，北美洲和南美洲水域内常见的招潮蟹，如果离开了它原来的栖息地，能够找寻方向重返故居。但在天空乌云密布时，就会失去行动方向而停滞不动。

| 拓展思考 |

1. 蟹是怎样走路的？
2. 蟹有哪些生活习性？

动物界的进化历程

节肢活化石——鲎

Jie Zhi Huo Hua Shi —— Hou

鲎是一种长相奇特的古老海生动物，它的身体结构可分为胸部、腹部和尾部三部分，外披坚硬的甲壳。头胸甲呈马蹄形，因此又名"马蹄蟹"。

鲎头 6 对附肢位于胸部腹面，腹部还有 5 对片状游泳足和 5 对用于呼吸的鳃。呈三角形的腹部，侧缘具有棘刺。

※ 在沙滩上爬行的鲎

尾部细长就像一把剑，又叫剑尾，是用来自卫的武器。

鲎起源相当早，它们最早见于古生代的泥盆纪，当时恐龙尚未大量出现，原始鱼类也刚刚出现。它曾和三叶虫繁盛一时，称霸于海洋。然而经过 3 亿年的沧桑剧变，三叶虫尽数灭绝成为化石，同期的其他动物也都已进化，只有鲎固执地保留其原始而古老的相貌，直至今日。所以，鲎是当之无愧的"活化石"。

▶ 知 识 窗

在繁殖时期，雌雄双鲎一旦结合，便终生不再分离，肥大的雌鲎常驮着瘦小的丈夫蹒跚而行。此时若捉到一只鲎，提起来肯定是一对，因此鲎又有"海底鸳鸯"的美誉。

鲎的眼睛对人类有很大的启示作用。它有两对眼睛，其中，头部两侧有一对复眼，每只眼睛又由若干个小眼睛组成。经过研究鲎的复眼能使看到的图像更加清晰。后来，人们将鲎的复眼原理应用于电视和雷达系统中，提高了电视成像的清晰度和雷达的显示灵敏度。鲎为近代仿生物学作出了不小的贡献。

此外，位于头部的正中间的一对单眼紧紧相连，正中有一条细细的黑线相隔，这对单眼是极有效的导向装置，它的作用如同一架灵敏的电磁波接收器，在黑暗的海底生活，能敏锐地感知亮度，以确定前进方向。

鲎的血液中有一种蛋白质分子，因含铜而呈蓝色，所以，鲎的血液从表面看是蓝色的。这种蓝色血液的提取物——鲎试剂，可以准确、快速地检测人体内部组织是否因细菌感染而致病。在制药和食品工业中，它对毒素污染有着重要的监测作用。

※ 成群结队的鲎

｜拓展思考｜

1. 鲎的繁殖期是在什么时候？
2. 鲎有什么作用？

八卦军师——蜘蛛

Ba Gua Jun Shi —— Zhi Zhu

◎蜘蛛概况

善于织网的蜘蛛也属于节肢动物门，属蛛形纲的中小型或极小的节肢动物。

蜘蛛的口器非常厉害。具有毒杀、捕捉、压碎食物，吮吸液汁的功能。它是由螯肢、触肢茎节的颚叶，上唇、下唇组成。

蜘蛛大部分都有毒腺，穴居蜘蛛的螯肢和螯爪大多都是上下活动，而在地

※ 稳坐蛛网的蜘蛛

面游猎和空中结网的蜘蛛，则用其如钳子一般的横扫。

有些蜘蛛的跗节爪下有毛簇，这些毛簇由粘毛组成。这些毛簇使蜘蛛有能力在垂直的光滑物体上爬行。结网的蜘蛛还有副爪，副爪即跗节近顶端有几根爪状的刺。

大多数蜘蛛的腹部不分节，在腹部有三对特殊的纺绩器，按其生长位置，称为前、中、后纺绩器。蜘蛛的纺绩器还有纺织管，不同蜘蛛的纺管数目不同，形状不同的纺管，可以纺出不同的蛛丝

蜘蛛丝是一种骨蛋白，十分纤细坚韧而具弹性，吐出后遇空气而变硬。织出的网有各种形状，如圆网，三角网，不规则网等。

◎蜘蛛进食

蜘蛛是食肉性动物，它的食物多数是昆虫或其他节肢动物。因为蜘蛛的口没有上颚，所以，它不能直接吞食食物。当用网捕获食物后，先以螯肢内的毒液注入捕获物体内将其杀死，再由中肠分泌的消化酶灌注在被螯

肢撕碎的捕获物的组织中，将其分解为液汁，然后吸进消化道内。

蜘蛛的消化道有前肠、中肠及后肠三部分。前肠包括口、咽、食道及吸吮胃，管状的咽及吸吮胃都可把液体食物吸进消化道并运至中肠。中肠包括中央的中肠管及两侧的盲囊。中肠之后为后肠，是排泄物汇集的地方。

※ 蜘蛛有毛簇的跗节爪

◎蜘蛛的繁殖

蜘蛛是雌雄异体，且雄体小于雌体。雄体触肢跗节可以发育成触肢器，雌体完成最后一次蜕皮后具有外雌器。有无外雌器是鉴别雌雄的重要特征。

蜘蛛卵生，卵一般包裹在丝质的卵袋内，雌体保护和携带卵袋有多种方式，或放置在网上或用口衔卵袋等。

◎分布

蜘蛛的种类繁多，加上适应性强，分布范围也相对广泛。它能生活或结网在土表、土中、树上或栖息在淡水中（如水蛛），海岸湖泊带（如湖蛛）。总之，水、陆、空都有蜘蛛的踪迹。

※ 巨型海蜘蛛

海蜘蛛属于节肢动物门海蜘蛛纲，又称皆足纲蜘蛛状海产动物。海蜘蛛又叫皆足虫，因为外形很像蜘蛛，故名“海蜘蛛”。它多生活在海滨上，常匍匐于海藻上或岩石下。

海蜘蛛几乎分布在各大洋中。海蜘蛛的外表很像一只普通的“盲蛛”，有细细的长腿和短小的躯干。尽管海蜘蛛与陆地上的蜘蛛有一定关联，如它们长在头部专门用来运送卵子的特殊隔膜——这些都意味着海蜘蛛应该在蜘蛛类节肢动物"家谱"上拥有一个属于自己的分支。但海蜘蛛有着自己的特征。

◎形态特征

海蜘蛛体长 5～6 毫米，颜色多为褐色或淡黄色，多数在 4 个躯干节上生 4 对细长的足可以在海底爬行，有的也能踩水。三角形的口在吸吻的末端，成体吸食软体的无脊椎动物的体液，或取食螅形类和苔藓动物头胸部，前端有口，上面有四个小隆起，其上有单眼，但深水种眼睛多已退化。

消化系统和生殖系统有分支通入足内。雌雄异体，体外受精。雄体以一对特化的足携卵直到孵化。许多种的幼体寄生在刺胞动物或软体动物上。神经系统和循环系统简单，有心脏，无呼吸器官和排泄器官。

◎化石发现

经英国古生物学家对迄今为止最为古老和完整的海蜘蛛化石研究后发现，海蜘蛛与陆地上的蜘蛛具有亲缘关系。那种像钳子一样的螯的出现，意味着海蜘蛛与蜘蛛、蝎子，以及鲎都源于同一类动物，它们拥有与众不同的特征。这具化石同时"具有现代海蜘蛛的所有特征"，表明海蜘蛛作为一种独特的生物在大约 4.5 亿年前便已经出现了。

分身有术的海星

Fen Shen You Shu De Hai Xing

※ 海星

海星的体色也不尽相同，几乎每只都有差别，最常见的颜色有橘黄色、红色、紫色、黄色和青色等。

海星通常有 5 个腕，但个别的也有 4 个或 6 个，最多的可达 40 个，在这些腕下侧并排长有 4 列密密的管足。

海星可以用管足来捕食或攀爬，大个的海星有上几千个管足。海星的嘴在它的身体下侧中部，可与它爬过的物体表面直接接触。海星有大有小，小的只有 2.5 厘米，大的则有 90 厘米。

科学家还发现，海星浑身到处都是"监视器"，它凹凸不平的棘皮上长有许多微小发亮的晶体，这些像眼镜一样的微小晶体具有聚光功能，能使海星在同一时间观察到各个方向的情况，及时掌握周边的信息。

海星还有一种特殊的绝招——分身之术。在生死攸关的时刻，海星会硬生生扭断自己的双腕，从而脱离敌人的掌握。但我们不必担心，海星的腕、体盘受损或自切后，都能够自然再生。海星的任何一个部位都能重新生成一个新的海星。这种惊人的再生能力，使得断臂缺肢对它来说根本就不算什么。

▶知识万花筒

　　大家都知道鲨鱼是海洋中凶残的食肉动物。但一定想不到想到栖息于海底沙地或礁石上，色彩美丽的海星也是食肉动物呢！

　　事实上，只是因为海星的活动不能像鲨鱼那般灵活、迅猛，所以，它的只以一些行动较迟缓的小型海洋动物，如贝类、海胆和海葵等为食。海星总是慢慢接近猎物，用腕上的管足缠住猎物并用整个身体将猎物包住，然后将胃袋从口中吐出、利用消化酶使猎获物在其体外溶解并被其吸收。

走

第三章

进鼎盛的昆虫王国

ZOUJINDINGSHENGDEKUNCHONGWANGGUO

蚂蚁——最鼎盛的昆虫王国

Ma Yi —— Zui Ding Sheng De Kun Chong Wang Guo

蚂蚁是一种十分古老的昆虫，从波罗的海沿岸捡到的嵌着蚂蚁遗骸的琥珀化石来看，蚂蚁至少有 4500 万年的历史，事实上它们的祖先可以追溯到 1 亿多年前的中生代，与远古的恐龙同处一个时代。随着环境和历史的变迁，躯体庞大的恐龙早已灭绝，而身躯细小的蚂蚁

※ 蚂蚁特写

依靠集体的力量生存、繁衍，而今已成为一个鼎盛的王国，其数量达上百万种，在陆生动物中首屈一指。

◎蚂蚁的种类

蚂蚁的种类相当丰富，约有 1.6 万多种，分布极为广泛。近代蚁类专家把蚂蚁分为 9 个亚科：

(1) 蜜蚁亚科

(2) 伪切叶蚁亚科

(3) 臭蚁亚科

(4) 蚁亚科

(5) 猛蚁亚科

(6) 粗角猛蚁亚科

(7) 行军蚁亚科

(8) 细猛蚁亚科

(9) 切叶蚁亚科

在世界各地，除了南极、北极和终年积雪不化的山峰外，在陆地上几乎都有蚂蚁存在。

◎外部形态

蚂蚁是人们常见的一类昆虫，也是地球上数量最多的昆虫种类。由于各种蚂蚁都是社会性生活的群体，在古代通称"蚁"。据现代形态科学分类，蚁可分两大种群：蚂蚁类和白蚁类。

蚂蚁的种类繁多，世界上已知有 9000 多种，我国国内已确定的蚂蚁种类有 600 多种。蚂蚁的寿命很长，工蚁可生存几星期至 3～7 年，蚁后则可存活十几年或几十年。一蚁巢在 1 个地方可生长年，甚至 50 多年。

蚂蚁在分类上属于节肢动物门、昆虫纲、膜翅目、蚁科，蚂蚁一般体形较小，颜色有黑色、褐色、黄色及红色等多种。蚂蚁身体分为头、胸、腹三部分，有六足，体壁薄且有弹性，有膜翅，硬而易碎。头部变化很多，通常阔大；蚂蚁卵约 0.5 毫米长，呈不规则的椭圆形，乳白色，工蚁体细小，体长约 2.8 毫米，全身棕黄，单个蚁要细看才易发现；雄、雌蚁体都比较粗大。腹部肥胖，头、胸棕黄色，腹部前半部棕黄色，后半部棕褐色；雄蚁体长约 5.5 毫米，雌蚁体长约 6.2 毫米。

◎蚂蚁的分工

蚂蚁为一类群居、筑巢、有不同阶级、行社会性分工的昆虫，一般来说，在一个群体里，有 4 种不同的蚁。

1. 蚁后：或称母蚁，又称蚁王。是具有极强生殖能力的雌蚁，体形较大，特别是腹部大，一般均有复眼和单眼，生殖器官发达，触角短而小，有翅膀，但在交配及筑巢后脱落。蚁后的主要职责是产卵、繁殖后代及统管这个群体大家庭，它的一生什么也不做，只负责产卵，让这个家族延续下去。

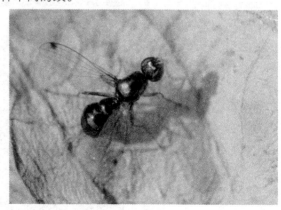

※ 蚁后

2. 雄蚁：或称父蚁。是一种有翅的蚂蚁，头圆小，上颚不发达，触角细长，有发达的生殖器官，雄蚁的主要职责是与蚁后交配。

3. 工蚁：又称职蚁。是没有生殖能力的雌蚁，无翅，一般为群体中最小的个体，但数量最多，复眼小，单眼极微小或无，上颚、触角和三对胸足都很发达，善于步行奔走，它们的一生都在辛苦地劳动。工蚁的主要职责是建造和扩大巢穴、采集食物、照顾蚁后产下的弟弟妹妹们，就连蚁后的生活起居都要照顾。

4. 兵蚁："兵蚁"是对某些蚂蚁种类的大工蚁的俗称，是没有生殖能力的雌蚁。头大，上颚发达，可以咬碎坚硬的食物，它们的主要职责为保卫群体的安全。当两个群体之间发生战争时，兵蚁会勇敢地上去厮杀。

◎蚂蚁认路

生活中，我们常常可以看到蚂蚁搬家的现象，它们沿着一定路线

※ 雄蚁

※ 寻找食物的工蚁

※ 兵蚁

往返，绝对不会迷失方向，并且蚂蚁外出寻食，都有一定的路线，当找到食物后，能准确无误地回到家园。那么蚂蚁是怎样认路的呢？

如果你仔细注意一下蚂蚁爬行的姿态，就会发现其在爬行的时候，腹部末端是断断续续地接触地面的。原来蚂蚁的腹部能分泌出一种物质，称为追踪素，通常蚂蚁出洞的时候，一般都是很有秩序地排成一纵队前进，前边

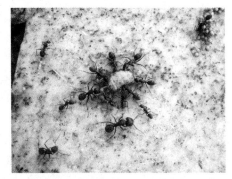

※ 搬运食物的蚂蚁

蚂蚁分泌出这种带有象征气味的追踪素，边走边散发在路上，留下痕迹，后边走的蚂蚁闻到这种气味，就能紧紧地跟上，即使有个别的蚂蚁暂时掉队，也能沿原路前进不会迷路。这种追踪素的气味就成了它们前进的路标。回来的时候，仍按此路标返回洞内。

如果某只工蚁发现食源后，即在回来的路上释放追踪素；如果没找到食物，它爬过的路上就不留下追踪素。因此食物越丰盛，被吸引的蚂蚁越多，而路上留下来的追踪素越多。当食源即将耗尽，它们在回来的路上就不再留下追踪素了；追踪素是易挥发的物质，只要不加强很快就会消失。而且追踪素具有群体特异性，因此不至于与其他巢和其他种类的蚂蚁混淆。显然这是一种生存适应。

如果做个实验，在蚂蚁走的路线上，用手指重复划几次，截断它们的路线标志，这时候，蚂蚁们就会乱作一团，到处绕圈子。几分钟后，才能重新排成一条整齐的战线。从这些可看出蚂蚁的这些本能的行为完全是追踪素的气味在起作用。

◎蚂蚁的力量

如果仔细看看蚂蚁搬东西的样子，便可以发现：它们搬运的物品往往都会超过自己身体重量的几十倍。据力学家测定，一只蚂蚁能够举起超过自身体重 400 倍的东西，还能够拖运超过自身体重 1700 倍的物体。小小的蚂蚁为什么能有如此神力？科学家们作了大量的研究、分析，证明蚂蚁体内是一座微型动物营养宝库，每 100 克蚂蚁能产生 2929 千焦（700 千卡）的热量。科学工作者发现，蚂蚁腿部肌肉是一部高效率的"发动机"，这个"肌肉发动机"又由几十亿台微

妙的"小发动机"组成。所以,蚂蚁能产生如此非凡超常的力量。蚂蚁的"肌肉发动机"使用的是一种特殊的"燃料",是一种结构非常复杂的含磷化合物,称为三磷酸腺苷,即ATP。在许多场合下,只要肌肉在活动时产生一点儿酸性物质(这种感觉就是我们平常说的"胳膊酸了")就能引起这种"燃料"的剧烈变化,这种变化能使肌肉蛋白的长形分子在刹那间收缩起来,产生巨大的力量。这种特殊的"燃料"不经过燃烧就能把潜藏的能量直接释放出来,转变为机械能,加之不存在机械摩擦,所以几乎没有能量的损失。正因为如此,蚂蚁的"肌肉发动机"的效率非常高,高达80%以上,这就是"蚂蚁大力士"的奥秘。

◎蚂蚁的蚁巢

大多数种类在地下土中筑巢,挖有隧道、小室和住所,并将掘出的物质及叶片堆积在入口附近,形成小丘状,起保护作用。也有的蚁用植物叶片、茎秆、叶柄等筑成纸样巢挂在树上或岩石间。还有的蚁生活在林区朽木中。更为特殊的是,有的蚁将自己的巢筑在别的种类蚁巢之中或旁边;而两"家"并不发生纠纷,能够做到和睦相处。这种蚁巢叫做混合性蚁巢,实为异种共栖。无论不同的蚁类或同种的蚁,其一个巢内蚁的数目均可有很大的差别。最小的群体只有几十只或近百只蚁,也有的几千只蚁,而大的群体可以有几万只,甚至更多的蚁。

> ▶知识窗

> 蚂蚁在冬天到来时,不像其他动物要冬眠,它们在入冬前准备充足的食物,然后躲到土层下的洞穴里过冬。
> 来看看入冬之前聪明的小蚂蚁怎么准备食物吧。它们首先收集搬运杂草种子,准备明年播种用;同时搬运蚜虫和灰蝶幼虫等到自己巢内过冬,从这些昆虫身上吸取排泄物作为食料(奶蜜)。蚂蚁是怎样知道冬天要来了呢?从现代科学的观点看,蚂蚁的这种本能是受它们体内的年生物钟控制而起作用的,换句话说,它们是按照年生物钟的运行规律做好越冬期食物储备的。

┃拓展思考┃

1. 蚂蚁在医学上有什么用途?
2. 蚂蚁对人类的生活有哪些危害?
3. 如何防治蚂蚁?

蝎子——最古老的陆生节肢动物

Xie Zi —— Zui Gu Lao De Lu Sheng Jie Zhi Dong Wu

蝎子称全蝎或全虫，是已知最古老的陆生节肢动物之一，属于蛛形纲、蝎目。它们典型的特征包括瘦长的身体、螯、弯曲分段且带有毒刺的尾巴。陆地上最早的蝎子约出现于 4.3 亿年前的希留利亚纪（志留纪）。

※ 蝎子

◎远古海蝎子长2.5米

英德科研人员是在德国西部边界城市普吕姆的一个采石场，发现了一种远古海洋蝎子的巨型爪子化石，进而推算出这类海蝎子的体长介于 2.33～2.59 米之间。如果加上其钳子，海蝎子的身长又要增加 0.5 米，是至今为止发现的最大节肢动物。

※ 远古海洋蝎子的巨型爪子化石

动物界的进化历程

英国布里斯托尔大学地球科学系的布雷迪说："这是惊人的发现。我们知道的化石纪录中，已出现怪物似的千足虫、巨型蝎子、蟑螂和蜻蜓，但我们从来不知道这些远古巨型动物真正可以有那么大。"

生物学家猜测，远古时代的大气层氧气含量高，使得海蝎子越长越大。也有人说，海蝎子是为了抵御它们的天敌，即巨型装甲鱼，从而演变成这么大。

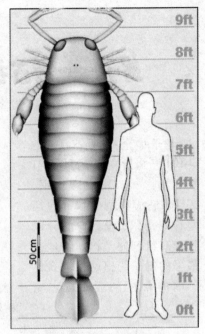

※ 长达 2.5 米的远古海蝎子

◎蝎子的形态特征

成年时期的蝎子，外形如同琵琶一般，头胸部和前腹部结合在一起，称为躯干部，背部的表面由硬皮组成，而后腹部由 5 个体节及一个尾刺构成，这样可以保护蝎子不受到伤害。成蝎体长约 50～60 毫米，身体分节明显，由头胸部及腹部组成，体黄褐色，腹面及附肢颜色较淡，后腹部第五节的颜色较深。蝎子雌雄异体，外形略有差异。头胸部，由六节组成，是梯形，背面复有头胸甲，其上密布颗粒状突起，背部中央有一对中眼，前端两侧各有 3 个侧眼，有附肢 6 对，第一对为有助食作用的螯肢，第二对为长而粗的形似蟹螯的角须，主要用于捕食、触觉及防御功能，其余四对为步足。口位于腹面前腔的底部。前腹部较宽，由 7 节组成。后腹部为易弯曲的狭长部分，由 5 个体节及一个尾刺组成。第一节有一生殖厣，生殖厣覆盖着生殖孔。雌蝎可从生殖孔娩出仔蝎，雄蝎可从生殖孔中产出精棒，与母蝎殖孔相交。雄蝎体内只有两根精棒，一生只能交配 2 次。雌蝎交配 1 次，可连续生育 4 年，直到寿命结束。蝎子的寿命 5～8 年。蝎子为卵胎生，受精卵在母体内完成胚胎发育。气温在 30～38℃之间产仔。

◎蝎子的生活习性

1. 昼伏夜出

蝎子喜欢在阴暗、潮湿、温暖的环境中生活。每天晚上 8 点到 11 点之间出来享用大餐，吃饱喝足了之后，凌晨 2～3 点回家休息。

2. 有冬眠习性

在公历的 11 月上旬左右，蝎子便开始慢慢地进入冬眠期。正常的温度下冬眠期为 6 个月左右。冬眠时，它们会成堆住在家里不吃也不动，等到来年再出来舒展筋骨，享受生活。

※ 处于防御之中的蝎子

3. 喜欢群居

生活中，蝎子的家族观念很强。如果有不在同一个居住环境的蝎子来侵犯时，为了保卫自己的家园和食物不受到侵害，蝎子会不惜一切代价与它们做殊死的搏斗。

4. 饮食习性

蝎子是不折不扣的肉食性动物，喜欢吃蝇蛆和黄粉虫。因为它们的身体柔软、肥胖、口感好，而且身体里的汁液和蛋白质成分还可以补充它们所需要的水分和营养，这样蝎子同胞就会有健康的体魄来适应外部环境。

5. 耐寒和耐热

蝎子的耐寒性和耐热性是非常厉害的。温度在 40℃至－5℃之间都能够生存，只是身体有一点不舒服罢了。

◎蝎子的使用价值

全蝎是我国传统的名贵中药。全蝎入药已有 2000 年的历史。蝎体内含有一种类似蛇神经毒素的毒性蛋白，称作"蝎毒"，主治惊痫抽搐、中风、半身不遂、口眼歪斜、破伤风、淋巴结核、疮疡肿毒等。蝎毒对脑炎、骨髓炎、麻风病、大骨节病的疗效也十分显著。目前以全蝎配伍的药方达百余种，以蝎毒素配成的中药达六七十余种。

除药用外，全蝎还可以作为滋补食品。其中之一的蝎酒是用白酒加全蝎浸制而成，具有息风镇痉、解毒散结、通络止痛的功效。常饮蝎酒对人体具有保健、抗癌效力。除药用外，蝎子作为一大名菜早已进了宾馆、饭店甚至于寻常百姓的餐桌。常食之不仅有良好的祛风、解毒、止痛、通络的功效，而且对于消化道癌、食道癌、结肠癌、肝癌均有疗效。目前，蝎子制品作为良好的滋补和保健食品正兴起于大江南北。

◎蝎子的进化演变史

经过 7000 万年地球的不断演变，大多数物种改变了原来的形态，由冷血动物进化为耐寒的能调节体温的热血动物（鸟类、哺乳类及人类）。当然，每次大规模物种进化后，总会有一些物种保留原状，像鱼类进化为两栖类后，鱼类还延续生存，爬行类中也有极少数，如蝎子至今仍然保持了 7000 万年前恐龙的原始形态。

▶ 知 识 窗

·雌雄蝎子的区别·

蝎子虽然雌雄异体，但由于蝎子没有外生殖器，仅有一生殖厣，所以仅从外形上看，其雌雄很难区别，尤其是幼蝎用肉眼难以辨别，但只要从肤色、体形、动态以及某些器官的细微差别上加以仔细观察，仍然可以找到很多不同的特征。

（1）体长体宽不同：雄蝎体长 4～4.5 厘米，体宽 0.7～1 厘米；雄蝎体长 5～6 厘米，体宽 1～1.5 厘米。

（2）角须的钳不同：雄蝎角须的钳比较粗短，雌蝎角须的钳比较细长。

（3）躯干宽度和后腹部宽度的比例不同。雄蝎上述比例之比不到 2，雌蝎比例则超过 2.5。

（4）胸板下边的宽度不同：雄蝎的胸板下边较窄，雌蝎的胸板下边较宽。

▌ 拓展思考 ▌

1. 蝎子常见的有哪些种类？
2. 蝎子主要分布在什么地方？

眼睛最多的昆虫——蜻蜓

Yan Jing Zui Duo De Kun Chong —— Qing Ting

蜻蜓是乡村最常见的一种昆虫，生活在山上、池塘边、小溪边等潮湿的地带，白天、黄昏、夜间，都能见到蜻蜓的活动。蜻蜓身体修长，色彩艳丽，体态优雅，飞行灵活敏捷，有趣而诱人，是人们喜爱的观赏昆虫。

※ 蜻蜓

◎远古蜻蜓大如老鹰

恐龙是地球史上最庞大的动物，而在恐龙之前还有许多巨型动物，其中最著名的是宽达近 1 米的大蜻蜓。科学家研究认为，是当时大气中高浓度的氧气让它们变成大个头。科学家们通过化石记录发现，在恐龙之前，地球上就有巨大的物种存在，它们就是 3 亿年前石炭纪的巨型节肢动物，包括超大的蜉蝣昆虫、蝎子；吊兰大小的蜘蛛等。其中最神奇的应是巨型蜻蜓，它们的翼展可以达到接近 1 米，是地球上有史以来最大的昆虫。

※ 史前蜻蜓复原图

3 亿年前，这些物种曾经昌盛一时。那时大部分陆地都在热带，植物繁盛（后埋入地下形成煤炭，该时期因此称为石炭纪）。但经过大约 5000 万年，从二叠纪的中期到晚期，这些巨型物种消亡了。长期以来，科学家们都猜测，也许是大气中氧气含量的变化在它们的兴亡中起了关键作用。后来，美国耶鲁大学生物学家罗伯特·贝尔纳等人发表的一项古气候研究报告肯定了这个猜测。研究者在报告中指出，石炭纪时，地球大气层中氧气的浓度高达 35％，比现在的 21％要高得多。许多节肢动物是通过遍布它们肌体中的微型气管直接吸收氧气，而不是通过血液间接吸收氧气，所以高氧气含量能促使昆虫向大个头方向进化。

◎蜻蜓的外形特征

蜻蜓种类很多，全世界已知的有 4500 多种，我国约有 300 多种。从大型种的鬼大蜻蜓，到仅长两厘米的小红蜻蜓，还有数种长 15 厘米的豆娘，各种各样的种类都有被发现。蜻蜓的一生经过蛋——稚虫——成虫三个成长阶段，是不完全变态的昆虫。蜻蜓幼虫的腹腔中有一种鳃，是可在淡水中生活的水生昆虫，因此亦被称为"水虿"。幼虫的形态与习性和成虫完全不同，而且各种的稚虫形态差异也极大。

成虫的头部很圆，复眼大。胸部呈箱子形，有两对翅膀，可以通过翅膀的交替振翅飞行，也能在空中定点飞行。蜻蜓的飞行能力很强，每秒钟可达 10 米，既

※ 色彩斑斓的蜻蜓

可突然回转，又可直入云霄，有时还能后退飞行。休息时，双翅平展两侧，或直立于背上。前翅和后翅不相似，后翅常大于前翅。翅的前缘，近翅顶处，各有 1 个翅痣，呈长方形或方形，可保持翅的震动规律性，并可防止因震颤而折伤。

蜻蜓的食性为肉食性，主要在空中捕食蚊、蝇、蝴蝶，甚至其他品种的蜻蜓。在捕食的时候，它们会用 6 只脚猛抓住猎物，其脚上所长有的大量粗毛，可以抓紧猎物，令其无法逃脱。口中尖尖的大下巴相当发达，可以撕咬猎物，方便进食。它们更能够在 30 分钟内吃完与自己体重相等的食物。

蜻蜓的脚在捕食时很有用处，但是却不适合步行，所以蜻蜓除了在树枝停下时会以脚作停泊作用外，其他时候很少运用到足部。即使是稍微移动，它们也须要用翅膀来飞；而且即使只剩下一只翅膀时，它们仍可以飞行。

◎蜻蜓的眼睛

　　蜻蜓是世界上眼睛最多的昆虫。它的头上有两只发达的复眼，亮晶晶的像个小灯泡，占据着头的绝大部分，且每只眼睛又由1万个到2.8万个"小眼"构成，这些"小眼"都与感光细胞和神经连着，可以辨别物体的形状大小，它们的视力极好，能看见6米以内的东西，而且还能向上、向下、向前、向后看而不必转头。此外，它们的复眼还能测速。当物体在复眼前移动时，每一个

※ 小荷才露尖尖角，早有蜻蜓立上头

"小眼"依次产生出反应，经过加工就能确定出目标物体的运动速度。这使得它们成为昆虫界的捕虫高手。

◎蜻蜓的飞翔

※ 飞行中的蜻蜓

※ 交尾中的蜻蜓

　　飞机的双翼就是根据蜻蜓的翅膀设计出来的，在上世纪20年代，飞机都是双翼的，后来逐步改进，才变成了目前的单翼。蝉和蜜蜂这类昆虫的出现，要比蜻蜓晚，它们的翅膀都是两对，在飞翔的时候，这前后四片翅膀，是同一步调扇动，这同单翼飞机的机翼起着相同的作用。而蜻蜓在飞翔的时候，它那两对翅膀，却是个别地扇动，和老式双翼飞机的机翼起同样的作用。虽然说蜻蜓的飞翔方式和老式的双翼飞机一样落后，可是，它的飞翔速度，在昆虫中却是数一数二的。在昆虫中，蜻蜓飞翔的时候，

翅膀扇动的次数最少，而飞翔的速度最快。蜂类的翅膀每秒扇动 250 次，飞翔的秒速是 4.5 米；苍蝇的翅膀每秒扇动 100 次，飞翔的秒速是 4 米；大蜻蜓的翅膀每秒扇动 38 次，而飞翔秒速是 9 米。体长不到 5 厘米的小蜻蜓，它的飞翔速度可以和世界女子百米短跑冠军的速度相媲美。当蜻蜓追逐小飞虫的时候，飞翔速度还要快得多。

※ 蜻蜓点水

◎生活习惯

蜻蜓一般都生活在比较潮湿的地区，比如水坝或沟渠比较多的地方。它的这种生活习性主要是因为它的繁殖方式所导致的，它繁殖的一个重要媒介就是水，它的卵主要产在水中，而卵的孵化、成长，以及成为一只正式的蜻蜓以前，它都是在水中进行的。所以它们很依赖水，也更需要水，如果没有水它们将无法生存，甚至可能灭绝。蜻蜓依赖水的另外一个原因就是蜻蜓的捕食，蜻蜓一般捕食蚊子、摇蚊和其他小昆虫，例如苍蝇、蜜蜂、蝴蝶等，而这些昆虫也都是生活在水面。

▶知识窗

·蜻蜓点水·

在蜻蜓身上，有一个有趣的现象，用一则成语来说，就是"蜻蜓点水"。

夏天人们经常看到两只蜻蜓在空中追逐，经过一段时间之后，互相搂抱在一起。它们如同表演空中飞人的杂技明星，只见它们拥抱在一起，忽而停落在一叶水草之上，忽而又腾空而起，自由自在地飞翔。这是性成熟的雌雄蜻蜓在进行交尾，当雌蜻蜓受精后体内的卵细胞发育成熟，它就飞往池塘、湖泊等水面上方，穿梭飞行，由高而低，腹部下垂，腹端接着水面，一点而过，边飞边点，动作轻柔、姿态优美，颇有大家闺秀的风范。这主要是因为蜻蜓和其他许多昆虫都不一样，它的卵是在水里孵化的，幼虫也在水里生活，所以它们点水实际上是在产卵。我们常见的所谓"蜻蜓点水"，就是它产卵时的表演……

▌拓展思考▐

1. 蜻蜓的生长需要哪几个过程？
2. 蜻蜓是益虫吗？

生命顽强的小强——蟑螂

Sheng Ming Wan Qiang De Xiao Qiang —— Zhang Lang

蟑螂学名蜚蠊，属于昆虫纲蜚蠊目，俗称小强、茶婆子、偷油婆、香娘子、灶蚂子等。源于泥盆纪时代，为腐食动物，喜昼伏夜出，居住在洞穴内。经得起酷热及严寒的考验，至今分布相当广泛。蟑螂是这个星球上最古老的昆虫之一，曾与恐龙生

※ 蟑螂

活在同一时代。根据化石显示，原始蟑螂约在4亿年前的志留纪出现于地球上。现在发现的蟑螂的化石或者是从煤炭和琥珀中发现的蟑螂，与各家橱柜中的并没有多大的差别。亿万年来，它的外貌并没什么大的变化，但生命力和适应力却越来越顽强，一直繁衍到今天，广泛分布在世界各个角落。

◎蟑螂的特征

蟑螂的身体为扁形或卵圆形；触角长，丝状；体壁呈革质光泽，黑或棕色。头向下弯，口器尖端指向后方，而不是像大多数其他昆虫一样指向前方或下方。雄体通常有两对翅；而雌体常为无翅或翅退化，身体上卵荚突出，用以将卵携带。雌体排出卵荚後，若虫从卵荚中孵出，初为白色，暴露在空气中后身体变硬并变为棕色。蟑螂成虫体大，某些种的翅展可达12厘米，其结构及大小使生物学家感兴趣，将其用于实验室中。

◎蟑螂的食性

蟑螂是杂食性昆虫，食物种类非常广泛。各类食品，包括面包、米饭、糕点、荤素熟食品、瓜果以及饮料等，尤其喜食香、甜、油的面制食

动物界的进化历程

品。蟑螂有嗜食油脂的习性，在各种植物油中，香麻油对它们最有引诱力，所以有些地方称它们为"偷油婆"。在食糖中，红糖、饴糖对它们的引诱力最强。

除了喜爱各类食品外，蟑螂也常咬食其他物品，例如在住房、仓库、储藏室等处，它们可啃食棉毛制品、皮革

※ 无处不在的蟑螂

制品、纸张、书籍、肥皂等等。在室外垃圾堆、阴沟和厕所等场所，它们又以腐败的有机物为食，甚至啃咬死动物。

◎蟑螂的生活习性

蟑螂是夜行昆虫，喜欢温暖、潮湿、食源丰富、有隐蔽缝隙孔洞的地方，这是它滋生的四个主要条件。而怕光则昼伏夜出是它生活习性的重要特点，一天中约75％时间处于休息状态，只有夜间出来觅食，在取食中有边吃边排泄的恶习，具有臭腺分泌臭液。

◎蟑螂的繁殖

蟑螂的繁殖是有性繁殖与无性繁殖相结合。一只成熟的雌蟑螂每隔7～10天即可产出一只含有14～40粒卵的卵鞘，其卵鞘为胶质体，20℃～37℃之间孵化。温度越高，孵化时间越短，在30℃恒温时，只需20～30天，而长的可超过三个月，一只雌蟑螂一年可繁殖近万只后代，最多可达10万只，在极端条件下没有雄蟑螂时，雌蟑螂也能产卵。也就是说，很多雌蟑螂交配一次以后，就会雌雄同体，不需交配，便可连续产卵。

◎蟑螂的危害

蟑螂可携带致病的细菌、病毒、原虫、真菌以及寄生蠕虫的卵，并且可作为多种蠕虫的中间宿主。

蟑螂已被证明携带约40种对脊椎动物致病的细菌，其中重要的如传染麻风的麻风分支杆菌、传染腺鼠疫的鼠杆菌、传染痢疾的志贺氏痢疾杆

菌和小儿腹泻的志贺氏副痢疾杆菌、引起疮疖的金黄色葡萄球菌、引起尿道感染的绿脓杆菌、引起泌尿生殖道和肠道感染的大肠杆菌以及传播肠道病和胃炎的多种沙门氏菌，如乙型伤寒沙门氏菌、伤寒沙门氏菌等等。蟑螂可携带引起食物中毒的多种致病菌，除了上述的绿脓杆菌、大肠杆菌等外，尚有如粪链球菌等。

※ 蟑螂的滋生地

此外，蟑螂尚可人工感染导致亚洲霍乱、肺炎、白喉、鼻疽、炭疽以及结核等病的细菌。

虽然蟑螂携带多种病原体，但一般认为病原体在它们体内不能繁殖，属于机械性传播媒介。然而由于它们的侵害面广、食性杂，既可在垃圾、厕所、盥洗室等场所活动，又可在食品上取食，因而它们引起肠道病和寄生虫卵的传播不容忽视。

再者，工厂产品、店中商品以及家中食物等都可因蟑螂咬食各污损造成经济损失。蟑螂侵害也会导致通讯设备、电脑等故障，造成事故。

◎蟑螂的防治

室内蟑螂繁殖快，数量大，在南方几乎家家户户都有，常可听到人们对它的抱怨声，寻求歼灭它们的灵丹妙法。人类在与蟑螂的长期斗争中，已积累了一些行之有效的防治措施，归纳起来大致有以下几个方面：

（1）消灭虫源：防止蟑螂，特别是卵鞘传播。

（2）人工捕杀：利用蟑螂夜出活动的习性，在夜晚9～11时，蟑螂活动的高峰期，每隔一定时间开灯，或用手电照射，用蝇拍扑打。白天亦可结合清洁卫生，清理阴沟、厕所，捕捉橱柜抽屉等家具中的蟑螂，特别注意搜寻卵鞘，集中烧毁，连根除去。

（3）诱杀：用蟑螂喜吃的食品，如豆粉、面粉等与农药敌百虫等以10：1的比例调和，制成诱饵，置于蟑螂经常出没的地方，让其食后中毒死亡。

（4）喷雾：一定时期用化学药剂、如拟除虫菊配药液、上海联合化工厂生产的"灭蜂灵"等在室内喷雾，杀灭蟑螂的效果显著。

（5）其他方法：如堵塞蟑螂隐藏的壁缝，粘纸诱捕、水烫、烟熏等。亦可收到一定的防治效果。

"蟑螂"，估计大部分人听到这个字眼都有些恶心，因其繁殖力、适应力、再生能力特别强，颇有"野火吹不尽，春风吹又生"的架势。还由于其喜欢边吃边拉，已经成为一些病原体的机械性传播者，所以人人得以诛之。

其实据《本草纲目》中记载蟑螂具有活血、治疗毒疮、利水的作用。而且民间一直流传着很多顽固的难以治愈的伤口，只要敷上蟑螂烘焙之后的粉末就能彻底好转。此外，蟑螂的药用价值还表现为它是抗乙肝昆虫类药物。是治疗慢性乙型肝炎的二类新药（中药），其有效成分是粘糖氨酸，具有抗 HBV 活性和免疫活性功能。

拓展思考

1. 你知道"四害"是哪四害吗？
2. 蟑螂生长包括哪几个阶段？

脊

第四章

椎动物的进化

JIZHUIDONGWUDEJINHUA

现存最原始的七鳃鳗

Xian Cun Zui Yuan Shi De Qi Sai Man

◎七鳃鳗概况

七鳃鳗是无颚脊椎动物，也是已知最原始的脊椎动物。

人们对于无颚的、类似盲鳗的七鳃鳗类鱼的演化或早期生命历史的了解甚微，一直认为它们是最原始的有头盖的动物和最退化的脊椎动物。七鳃鳗与现生和古代鱼类的关系至今仍令人感到困惑。

七鳃鳗是与盲鳗同属无腭纲的约 22 种原始鱼形无腭脊椎动物的统称，都属于七鳃鳗科。

七鳃鳗体形似鳗，无鳞，长约 15～100 厘米。有眼，背鳍 1～2 只，尾鳍存在；单鼻孔，位于头顶；体两侧各具 7 个鳃孔。无真骨及腭，也没有偶鳍。骨骼均为软骨。口圆，呈吸盘状，有角质齿。

七鳃鳗幼体称为沙栖鳗或沙隐虫，生活于淡水中，在水底挖穴而居；无牙，眼不发达，以微生物为食。数年后变为成体，游入海中，开始寄生生活，借助其口吸附于鱼体，吮食宿主血液及组织。到生殖期复返淡水，筑巢，产卵而死亡。并非所有七鳃鳗都需要到海中生活，有些陆封种类终生留于淡水。著名的例子是海七鳃鳗陆封型。此型进入北美洲五大湖，营寄生生活，在没有办法控制之前，给湖鳟及其他经济鱼类造成了毁灭性的破坏。普氏七鳃鳗亦终生栖于淡水，然而不营寄生生活，达到成年后即不进食，随即繁殖而后死亡。

在秋天里，七鳃鳗鱼会与鲑鱼一起从海洋溯上河川，它因两只眼睛后面各排列着七个鳃穴而得名。除非洲外，分布于全球所有温带淡水水域和沿海。

◎动物形态

七鳃鳗样子与一般的鳗鱼相像，身体细长，呈鳗形，外皮裸露无鳞，背上有一条长长的背鳍，向后一直延伸到尾端并环绕尾部形成尾鳍，除此之外它的身上再也没有其他的鳍存在。

七鳃鳗近圆筒形，尾部侧扁。体长可达 60 厘米以上。眼睛与分布头两侧 7 个分离的鳃孔排成一直行，形成 8 个像眼的点，故也称八目鳗。头前腹面有呈漏斗状吸盘，张开时呈圆形，周缘皱皮上有许多细软的乳状突起。口在漏斗底部，口两侧有许多黄色角质齿，口内有肉质呈舌形的活塞，其上亦有角质齿。肛门位于躯干和尾部交界处，肛门前有一泌尿生殖突。皮肤柔软而光滑，无鳞，侧线不发达。无偶鳍。背鳍两个，基长约相等，后面的背鳍与尾鳍相联，鳍条软而细密。生活时背呈青色带绿，腹部灰白色略带淡黄。

雌雄异体，发育要经过较长的幼体期，经变态为成体。成体行半寄生生活，对渔业有害。

七鳃鳗是一种没有颌的圆口鱼类，但嘴里长满了锋利的牙齿，这是古代鱼祖先的特征之一。口呈漏斗状，内分布着一圈一圈的牙齿，为圆形的吸盘，能吸住大鱼。舌也附有牙齿。口吸住猎物时，咬进去刮肉并吸血。身体没有鳞片，包着一层黏黏的液体。

◎主要分布

部分时期栖息于海中，成长后游至淡水河流中产卵，为洄游性鱼类。常以吸盘吸附子其他鱼体上，吸食其血肉。分布我国东北的黑龙江、乌苏里江、图们江、松花江等河流中。

◎繁殖发育

七鳃鳗选择水浅、流快、沙砾底的水域进行挖坑筑巢产卵，雄鱼以吸盘吸着雌鱼头部，同时排卵、授精。卵极小，每次产卵 8～10 万粒，卵粘在巢中沙砾上。产卵后，雌性和雄性都会死去。其幼体被称为"沙隐虫"，生活方式和身体结构与文昌鱼高度相似。七鳃鳗只在河川繁殖。

已知的七鳃鳗有 30 多种，分别在初夏到秋天产卵，水温约 25℃，12 天左右孵化。这时的幼体没有眼睛也没有吸盘，平时都潜进河底泥土中，顺流伸出口，以吃浮游生物或泥土中的有机物为生。这即所谓沙腔鳗的幼生时期。3～5 年后长出眼睛和吸盘。到海洋中生活的即所谓降海型七鳃鳗以吸刮鲑、鲭、鳕等的血肉为生，过数年后再回到河川上来，产卵后生命即告结束。至于一生都在河川生活的陆地型，在变态后的次年春天产卵后也会死亡。

◎食物来源

七鳃鳗为肉食性鱼类。既营独立生活，又营寄生生活，经常用吸盘附在其他鱼体上，用吸盘内和舌上的角质齿锉破鱼体，吸食其血与肉，有时被吸食之鱼最后只剩骨架。营独立生活时，则以浮游动物为食。仔鳗期以腐食碎片和丝状藻类为食。生殖时期的成鱼停止摄食。

▶知识窗

　　七鳃鳗是一种海洋生物，生物学家将这种动物归类为无颚纲鱼类，它们虽然属于无颚纲，但它们有其他的弥补方式，它们进化出一种具有类似吸血功能的"电动小圆锯"，也就是拥有一个大大的、圆形的嘴巴，嘴巴内有一圈锋利的牙齿。七鳃鳗最长可以长到100厘米。当七鳃鳗用口盘叮住一条鱼时，它就开始紧紧地咬住对方，咬穿皮肉后吸食其中的血液。

　　当然，并不是所有七鳃鳗都是食肉性动物，也很少发现它们会对人类发起攻击。

拓展思考

1. 七鳃鳗有什么特征？
2. 七鳃鳗是怎样获取食物的？

动物界的进化历程

最早的脊索动物——文昌鱼

Zui Zao De Ji Suo Dong Wu —— Wen Chang Yu

文 昌鱼属脊索动物门头索动物亚门。5 亿年前，地球上最早的由无脊椎到脊椎的过渡——脊索动物在海洋里出现，这就是文昌鱼。经过了漫长的岁月，文昌鱼演化为各种脊椎动物，其中包括类人猿。

因此，文昌鱼在物种分类和区系方面都具有世界意义。

早在 5 亿年前就出现的文昌鱼是最原始的脊索动物，因为它的基因组最大程度保留了脊椎动物的特征，

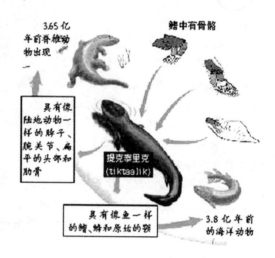

※ 动物进化

并且发育模式和脊椎动物具有相似性，因此文昌鱼为研究鱼类的起源和无脊椎动物进化历史，提供了活的证据。文昌鱼是珍稀名贵的海洋野生头索动物，列为中国二类重点保护对象。

◎文昌鱼概况

文昌鱼，俗称扁担鱼或鳄鱼虫，是脊索动物门的头索动物亚门，也叫全索亚门。这类动物有纵贯全身的脊索，而且脊索延伸到神经管的前面，故称头索动物；又因文昌鱼没有真正的头和脑，另有无头类之称。它是既像鱼又像蠕虫的动物，但血统上跟鱼及蠕虫相差很远。文昌鱼生理构造其为奇特，它和一般鱼不同，没有鱼类常有的鳍，它的鳍只有一层皮膜，虽然也用鳃呼吸，但鳃却被皮肤和肌肉包裹起来，形成了特殊的围鳃腔。它也没有鳞，没有分化的头、眼、耳、鼻等感觉器官，也没有专门的消化系统，只有一个能跳动的、内有无色血液的腹血管和一条承接口腔及肛门的

直肠。因此，文昌鱼属无脊椎动物进化至脊椎动物的过渡类型，有人称之为"鱼类的祖先"。

◎文昌鱼得名

文昌鱼的名字源于厦门翔安区刘五店海屿上的文昌阁。就是在那里最先发现文昌鱼群。

传说，古代时的文昌皇帝骑着鳄鱼过海时，在鳄鱼口里掉下许多小蛆，当这批小蛆落海之后，竟变成了许多像鱼样的动物，为纪念文昌帝君的缘故取名为"文昌鱼"。嗣后这些动物在那海域繁衍昌盛，当地渔民也以捕文昌鱼为生了。

※ 文昌鱼

文昌鱼的滤食活动有助于净化水体，文昌鱼数量多的水域通常是清洁的。沿着部分中国海岸线，文昌鱼数量极多，构成渔业的基础。至今未发现确定的文昌鱼化石，文昌鱼的分类完全根据对现存种类的研究。

◎形态特征

文昌鱼的幼体及成体均显示脊索动物的特征——脊索、鳃裂及背神经索。文昌鱼身体细长而侧扁像一把外科医生用的手术刀，到底那边是头，那边是尾，骤然一看很难分辨，所以西欧人叫它为两尖鱼，或称之谓"海矛"。文昌鱼全身无色半透明，肌节明显，两头尖中间宽，左右两侧扁。文昌鱼体长 40～57 毫米；美国产的加州文昌鱼可长达 100 毫米。文昌

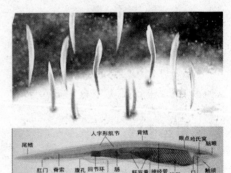

※ 文昌鱼结构图

鱼前端有眼点，为视觉器，下为前庭及口叫"口笠"。前庭周围有 40 条口须，在咽的两侧有垂直的鳃裂，文昌鱼在它胚胎时鳃裂只有 8 对，到了成体却增加到 180 对。文昌鱼的鳃裂不直接通向体表面开孔，而被皮肤和肌肉包裹着，形成一对特殊的"围鳃腔"。文昌鱼的后端有尾鳍及肛前鳍，

背部有一条背褶（即背鳍）它那些鳍只是一层皮膜物，根本没有真正的骨质鳍条；腹面还有一对皮褶，叫做"腹褶"。身体两侧交替长着 65 个透明的肌节，这肌节是 V 字形。V 字的尖端部分朝着前方，这对在水中的向前运动有利。

◎文昌鱼的生物学意义

文昌鱼虽然是不起眼的小动物，但它是从低级无脊椎动物进化到高等脊椎动物的中间过渡动物，也是脊椎动物祖先的模型，是研究动物进化的重要材料。脊椎动物包括鱼类、两栖类、爬行类、鸟类和哺乳类。根据不同地层中所发现的化石，以及比较解剖学和胚胎学方面的研究结果，都可以推断它们是由无脊椎动物

※ 夜间活跃的文昌鱼

进化而来的。但由于缺少坚硬内骨骼的动物不易形成化石保存在地层中，所以至今未能找到无脊椎动物与脊椎动物之间的过渡类型的化石证据。幸运的是，文昌鱼不论在生活习性、胚胎发育、外部形态和内部结构等方面，都是既具有某些无脊椎动物的特征，又具有某些脊椎动物特征的雏形。这主要表现在文昌鱼的摄食、排泄等机能都像无脊椎动物的形式，但血管系统、呼吸系统、神经系统和胚胎发生过程都有了脊椎动物的模样；而且在生物化学上均可见到它具有脊椎动物所有的磷酸肌酸物质，但却不具备脊椎动物所有的血红蛋白和铁的化合物，文昌鱼含有一种特殊的钒元素。所以，无论从形态、生理、生化和发生方面，都能说明文昌鱼是无脊椎动物进化到脊椎动物的过渡类型动物和见证，成为整个生物进化史上不可缺少的一个"桥梁"。对此，生物进化论的创始人达尔文认为"这是一个最伟大的发现，它提供了揭示脊椎动物起源的钥匙"。

◎文昌鱼在中国的分布

文昌鱼数量虽少，但分布颇广，福建沿海自北向南，罗源、莆田、惠安、泉州、石狮、晋江、同安、厦门和漳浦均有分布，其中以同安县刘五店最著名，并因刘五店岛屿上有个文昌鱼阁而得名。二三十年代便已形成文昌鱼渔业，作业渔场约 22 平方千米，年产文昌鱼 50～100 吨，1933 年

最高产 282 吨，但随着高崎集美海堤的建设和修筑水库、围海造田等，导致渔场生态环境改变，目前刘五店文昌鱼资源极少。1969 年，在厦门东南郊区黄厝沿海和同安欧厝至大、小金门岛之间海域发现一定数量的文昌鱼资源，1987 年生产约 5 吨，根据福建省水产研究所 1987 年 4 月到 1988 年 3 月的周年调查结果，上述两海域文昌鱼可捕量约 30 吨。

文昌鱼是小型海生动物，在世界温暖地区海岸水域广泛分布，温带水域略少见。文昌鱼共有 12 种，分布在热带、亚热带的浅水海域中，我国厦门、青岛和烟台沿海，地中海、马来西亚、日本、北美洲海洋边岸都有出产。文昌鱼体长 40～57 毫米；美国产的加州文昌鱼可长达 100 毫米。文昌鱼繁殖季节为每年 6 至 8 月，喜欢生长在水流温暖缓和、

※ 文昌鱼

水质沙质较好的海湾。文昌鱼味道鲜美，营养价值很高，蛋白质含量占 70％；而且碘的含量较高，能治疗甲状腺病。

文昌鱼是一种优良的增殖对象，目前人工育苗已取得可喜的进展。在人工增殖的条件下，文昌鱼产量将会迅速提高。

文昌鱼是世界珍稀海洋生物，现在只在厦门发现有文昌鱼的渔场。世界有关文昌鱼的研究大都取材于这里。为了保护这一具有重要科研价值的珍稀物种，厦门设立了文昌鱼自然保护区，并于 1992 年颁布了《文昌鱼自然保护区管理办法》。

▶知 识 窗

因为文昌鱼多分布在地球热带、亚热带的 8～16 米的浅水海域中，特别在北纬 48°至南纬 40°之间的环形地区内较多，我国河北昌黎、厦门、青岛、威海和烟台沿海处也有很多。其他像地中海、马来西亚、日本、北美洲海洋边岸都有出产，但产量并不多，故视为珍品。我国在尚未发现有文昌鱼前，为了教学上的需要，以极高昂的价格向国外高价购买文昌鱼，因此而丧失不少外汇。

拓展思考

1. 文昌鱼是鱼类吗？
2. 文昌鱼的化石为什么不多见？

最古老的脊椎动物——甲胄鱼

Zui Gu Lao De Ji Zhui Dong Wu —— Jia Zhou Yu

甲胄鱼生活在距今4亿多年到5亿年间的古生代时期。它们中的大多数身体的前端都包着坚硬的骨质甲胄，外形很像鱼类，但没有成对的鳍，活动能力比较差。同时也没有上下颌，限制了它的主动捕食能力，食物范围很窄。已灭绝。

甲胄鱼类群很复杂，包括头甲鱼类、缺甲鱼类、杯甲鱼类和鳍甲鱼类等，这些鱼体型大小不一，从几厘米到几十厘米不等。

甲胄鱼有多样的生活方式，多数种类在海底过着爬行生活，靠吮吸方式在海底觅食。有的种类如杯甲鱼类，身体已有较厚的鳞片，但也没有鳍，只能靠尾部运动。较进步的鳍甲鱼类，有较强的游泳能力，可以到达水层表面猎食。

因为大多数甲胄鱼生活在淡水中，这对脊椎动物起源于海水提出了怀疑。

有人推断，甲胄鱼是现存圆口纲动物，如七鳃鳗的祖先，它们之间应该有一定的亲缘关系。又有人认为这两者之间并非近亲关系，因为甲胄鱼活动能力不强，多数在水底生活，而圆口纲运动灵便，适于半寄生或寄生生活，它们之间不一定有直接的关系，而有可能来自共同的无颌类祖先。

至于鱼类，它的祖先与甲胄鱼比较相近，但又比甲胄鱼进步得多的盾皮鱼。

不过有一点是肯定的：甲胄鱼是最古老的脊椎动物。

◎名称由来

美国科罗拉多州奥陶纪淡水沉积岩中发现的具有骨质结构的鳞片是已知最早的脊椎动物化石，它说明在遥远的奥陶纪，地球上的河流与湖泊之中，曾生活着身上有鳞甲的脊椎动物。

英格兰志留纪中期的海相沉积中发现过另一些脊椎动物化石，即莫氏鱼和花鳞鱼。莫氏鱼可能是一种非常原始的无颌脊椎动物，其系统地位可能接近于生活到现代的无颌类七鳃鳗的祖先。它是身体细长的小型管状动物，前端有一个吸盘状的口，眼的后面、头部两侧各有一排圆形的鳃孔。

尾鳍下叶较长，上叶较短而高，此外可能还有保持身体平衡的侧鳍褶和一条长的背鳍。

到了泥盆纪，早期的脊椎动物达到了繁盛时期，大量的泥盆纪脊椎动物化石在世界各地都有发现。这些最早的脊椎动物属于无颌纲，统称为甲胄鱼类。它们没有上下颌骨，作为取食器官的口不能有效地张合，因此它们获取广泛食物资源的能力就很受限制。它们没有真正的偶鳍，也没有骨质的中轴骨骼。有代表性的甲胄鱼体表具有发育较好的由骨板或鳞甲组成的甲胄，这便是"甲胄鱼"这一名称的由来。

◎物种起源

甲胄鱼属无颌脊椎动物，甲胄鱼确实处于有颌脊椎动物发展的前一阶段。但是另一方面，这些无颌类在不少地方却又高度特化。例如鼻孔形式（单鼻孔或只有内鼻孔）就是其中之一，再如鳃弓中的颌弓非但没有向颌的方向发展，而且在有些种类里已经退化了，以及由分别开口向外界的鳃孔发展为总的出鳃孔等等，这些都说明这些无颌类在发展中，已偏离了向着有颌类前进的方向。

人们对于无颌类的了解主要是基于志留—泥盆纪的甲胄鱼，而这个时期的甲胄鱼陡然大量出现，和形态上的多样化，都说明这时甲胄鱼已经由少到多，达到大辐射大发展阶段。从甲胄鱼的特化和辐射发展，可以想象在志留纪或奥陶纪之前，无颌类曾有一个一般化、分化甚少的发展时期，就这个意义上讲，我们现在看到的甲胄鱼不是无颌脊椎动物发展的开始，而是无颌脊椎动物发展的结果。而有颌脊椎动物则可能与甲胄鱼共同来源于同一祖先，一种一般化的原始无颌脊椎动物，或者来源于与双鼻类（多鳃鱼、鳍甲鱼）祖先接近的原始无颌类，它们至少应保持有成对的外鼻孔和分别开口于外界的外鳃孔。因此，有颌脊椎动物的祖先应当是在早期的原始无颌类中寻找，在时间上则应远在奥陶纪之前。

但是人们想象的无颌脊椎动物发展的前一阶段，迄今没有化石发现。对于这个问题的解释，有人认为脊椎动物起源于淡水，而在志留纪之前，地球上绝大部分为海洋包围，淡水分布有限，且可能属于剥蚀区，因之鲜有淡水沉积岩石被保存下来。

主张脊椎动物起源于海洋的人，认为无颌脊椎动物发展的前一阶段，因为没有骨甲所以不易于保存为化石。这些推测中究竟那种推测近于事实，目前尚无定论。但是，纵观脊椎动物的整个发展历史，则可发现这样的事实，凡是一个新兴的门类出现，其发展早期阶段总是为数甚少，在生存斗争中暂时处于劣势。当我们发现它们存在时，常常已是这类动物处于辐射大发展的阶段。因此在化石中，一个门类的早期原始代表常常缺乏，或者非常稀少。

◎物种特征

颌既是重要的摄食器官，同时也是进攻敌害的有力武器。甲胄鱼由于缺乏这样的有利器官，在取食上有赖于鳃的过滤，所以鳃的数目远比鱼类要多，因此鳃区在身体中占有相当大的比例，造成了头大尾小不相称的体形。在防御上则借助于笨重的甲胄，只有被动的防守。与有颌的鱼类比较起来，这些自然是很大的弱点。有颌鱼类虽然在志留纪已经出现。

但是志留纪晚期和泥盆纪早期的鱼类主要是小形的盾皮鱼和棘鱼。泥盆纪中期以后情况发生了很大变化，这时不但像粒骨鱼这样的盾皮鱼类已发展成为巨大的凶猛肉食者，同时更进步的鱼类如软骨鱼类、软骨硬鳞鱼类、总鳍鱼及肺鱼等均已得到很大发展。

这些鱼类的颌已经达到了相当灵活有效的程度：它们取得了符合流体力学的纺锤状体形；覆瓦状的鳞片取代了大块的甲片，这样既收到了防御的效果，又排除了限制身体活动的弊端。以上这些构造上的进步发展，标志着这些鱼类在活动能力和适应能力上已达到很高的水平。

甲胄鱼与之相比，真是相形见绌了。在新的形势下，原来曾是先进的、适应的甲胄鱼变得落后和不适应了。先进的取代落后的，适应的淘汰不适应的，这是生物发展中的规律。随着鱼类机能越来越完善和数量的发展，甲胄鱼的位置势所必然地为鱼类所代替。

▶知识窗

·甲胄鱼获取食物·

甲胄鱼是最先只把鳃用来呼吸而不用来摄食的动物。之前所有其他的生物都是以鳃来呼吸兼摄食的。它们的头两侧有另外的咽鳃囊，是开启的而没有鳃盖。甲胄鱼不像其他的脊椎动物以纤毛来运送食物，而是以肌肉鳃囊来吸入细小的猎物。

拓展思考

1. 甲胄鱼与圆口无颚类是否有确定的亲缘关系？
2. 甲胄鱼为什么会灭绝？

原始的真骨鱼——狼鳍鱼

Yuan Shi De Zhen Gu Yu —— Lang Qi Yu

狼鳍鱼的多数种牙齿较小，可能以浮游生物为食，但中华狼鳍鱼，甘肃狼鳍鱼和室井氏狼鳍鱼的牙齿略大，可以捕食小昆虫和昆虫卵。狼鳍鱼一般保存完好，属静水环境下的原地埋藏。从化石埋藏的密集情况看，该鱼似有群游的习性。

※ 狼鳍鱼化石

◎外形特征

狼鳍鱼体长一般在 10 厘米左右，身体呈纺锤形或长纺锤形。背鳍位置靠后，与臀鳍相对，其前有上神经棘。头部膜质骨具有薄间光质层，尾正型，圆鳞。牙齿尖锥形。

◎分布范围

主要分布于我国北部，是我国辽西北票市数量最多，分布最广的鱼类。

◎生活环境

生活于淡水中。

◎演化历程

狼鳍鱼是原始的真骨鱼类，种类很多，为中生代后期（晚侏罗世—早白垩世）东亚地区的特有鱼类。现已绝灭。

狼鳍鱼最早发现于寒武纪，繁盛于泥盆纪，石炭纪、二叠纪。甲胄鱼几乎灭绝，软骨鱼和硬骨鱼兴起，中生代起，硬骨鱼逐渐较软骨鱼兴旺而直到现代。

在狼鳍鱼生活的时代，人类还没有出现，那时候，地球上的物种和现在的情况大不一样，哺乳动物的类型很少，鸟类也是刚刚诞生，很多地方是海洋。不过，鱼类已经比较进化了，狼鳍鱼也是硬骨鱼类，和我们现在看到的大多数鱼一样，骨骼已经是骨化成硬骨，植物中的被子植物也是刚开始萌芽。确切的地质年代就是在侏罗纪晚期，距离现在约有 1.4 亿年的历史。

◎发现历程

狼鳍鱼属于骨舌鱼超目。骨舌鱼类是原始的真骨鱼类，其独特之处在于化石属多于现生属，而真骨鱼的绝大多数类群中现生属远超过化石属。骨舌鱼类为淡水鱼，现生骨舌鱼类除舌齿鱼外，均分布于南大陆，而化石材料几乎在各大陆都有发现。淡水鱼类的这种跨洋分布，对于研究各大陆的发展历史具有重要的意义。

骨舌鱼类化石发现于除南极外的世界各大陆，从晚侏罗世到渐新世，但绝大多数早期骨舌鱼类化石发现于我国。自从英国学者格林伍德将狼鳍鱼归入骨舌鱼类之后，狼鳍鱼成为已知最早的骨舌鱼类。

其后，我国境内中生代陆相地层中不断有新的骨舌鱼类化石发现。迄今为止，我国境内报道的骨舌鱼类约有 25 属 50 种。

狼鳍鱼在辽西主要分布于义县组，该鱼是中生代后期东亚地区特有的淡水鱼类，广布于西伯利亚，蒙古。朝鲜和我国北部水域，为热河生物群的主要成员。该属最初由著名德国解剖学家米勒（J. Mfiller）根据采自西伯利亚外贝加尔地区的鱼化石建立。

我国狼鳍鱼化石的科学研究开始于索瓦士对采自我国北方（凌源大新房子一带）的真骨鱼的研究。该化石被索瓦士命名为 Prolebiasdavidi，以后英国学者伍德华（A. S. Woodward）将其归入狼鳍鱼属。

此后国内外的许多学者都对狼鳍鱼进行过研究，并建立了约 16 个种。

狼鳍鱼还是我国发现的最早的真骨鱼类。自 1959 年第一届全国地层会议以来，在我国一般把含狼鳍鱼的地层确定为晚侏罗世，以狼鳍鱼群的消失作为划分侏罗纪与白垩纪的界线。

但是，古植物和一些其他门类的学者一直把狼鳍鱼层的时代看做早白垩世，争论持续了几十年。因此，狼鳍鱼备受地质古生物学家的关注。近年来随着研究工作的进一步深入，许多古鱼类学家认为狼鳍鱼的生存时代为晚侏罗世至早白垩世，而最新的观点认为其时代为早白垩世。

▶ 知 识 窗

狼鳍鱼是东亚地区有特色的一种鱼化石。在中国，尤其是在辽宁以及河北等地相当集中，其中的数量是很难计算的。

当你到出产狼鳍鱼的地方看一看，你一定会很吃惊，一块块保存十分完整的狼鳍鱼化石在比较薄的岩石上面，安然地注视着远方。以前，在侏罗纪晚期，在辽宁的西部地区曾是一片海洋和湖泊，在那里出没很多的水生动物，像鱼类、两栖类以及水生爬行动物等。有一天，突如其来的火山喷发惊动了水中的鱼儿，它们纷纷逃跑。但是为时已晚，强烈的火山爆发喷出的热焰烘烤的狼鳍鱼无处可逃，伴随着火山喷发飞射出来的火山灰降落在湖面上，鱼儿使尽浑身力气也没能逃脱，最后就被灼热火山灰覆盖起来。由于火山灰的细密，加上高温作用，鱼儿被紧紧地包裹起来，后来，随着地质变化，上面又盖上了时代较晚的地层，光阴消逝，被火山灰紧裹的鱼儿就形成了化石，所以，我们今天看到的狼鳍鱼是一条挨着一条排列着，是自然界的灾害留给我们后人的一段远古精彩故事。

| 拓展思考 |

1. 狼鳍鱼有什么特征？
2. 为什么会有大量狼鳍鱼的化石出现？

动物界的进化历程

珍贵的"活化石"

Zhen Gui De "Huo Hua Shi"

中华鲟是一种大型的溯河洄游性鱼类，是我国特有的古老珍稀鱼类。世界现存鱼类中最原始的种类之一。远在公元前1千多年的周代，就把中华鲟称为王鲔鱼。中华鲟属硬骨鱼类鲟形目。鲟类最早出现于距今2.3亿年前的早三叠世，一直延续至今，生活于我国长江流域，别处未见，真可谓"活化石"。

◎物种简介

中华鲟是我国一级保护动物，特产鱼类，体纺锤形，体表披五行硬鳞，尾长，口腹位，歪尾。这是一种海栖性的洄游鱼类，每年9至11月间，由海口溯长江而上，到金沙江至屏山一带进行繁殖。孵出的幼仔在江中生长一段时间后，再回到长江口育肥。每年秋季，当中华鲟溯江生殖洄游时，在各江段都可捕到较大数量的中华鲟，故有"长江鱼王"之称。

※ 中华鲟

中华鲟在分类上占有极其重要地位，是研究鱼类演化的重要参照物，在研究生物进化、地质、地貌、海侵、海退等地球变迁等方面均具有重要的科学价值和难以估量的生态、社会、经济价值。但由于种种原因，这一珍稀动物已濒于灭绝。保护和拯救这一珍稀濒危的"活化石"对发展和合理开发利用野生动物资源、维护生态平衡，都有深远意义。从它身上可以看到生物进化的某些痕迹，所以被称为水生物中的活化石。

我国曾在辽宁北票晚侏罗世（距今1亿4千万年前）地层中发现过鲟类化石，名北票鲟。这种鲟只在两体侧有一行侧线鳞，其他体表裸露，与中华鲟体披五行鳞者不同。

◎体形特征

中华鲟体呈纺锤形，头尖吻长，口前有4条吻须，口位在腹面，有伸缩性，并能伸成筒状，体被覆五行纵行排列骨板，背面一行，体侧和腹侧各两行，每行有棘状突起。鲟是1.5亿年前中生代留下的稀有古代鱼类，它介于软骨与硬骨之间，骨骼的骨化程度普遍地减退，中轴为未骨化的弹性脊索，无椎体，随颅的软骨壳大部分不骨化。尾鳍为歪尾型，偶鳍具宽阔基部，背鳍与臀鳍相对。腹鳍位于背鳍前方，鳍及尾鳍的基部具棘状鳞，肠内具螺旋瓣，肛门和泄殖孔位于腹鳍基部附近，输卵管的开口与卵巢远离。

中华鲟是底栖鱼类，食性非常狭窄，属肉食性鱼类，在江中主要以一些小型的或行动迟缓的底栖动物为食，在海洋主要以鱼类为食，甲壳类次之，软体动物较少。河口区的中华鲟幼鱼主食底栖鱼类蛇鲲属和蛹属及磷虾和蚬类等，产卵期一般停食。

据研究记述，因中华鲟特别名贵，外国人也希望将它移居自己的江河内繁衍后代，但中华鲟总是恋着自己的故乡，即使有些被移居海外，也要千里寻根，洄游到故乡的江河里生儿育女。在洄游途中，它们表现了惊人的耐饥、耐劳、识途和辨别方向的能力，所以人们给它冠以闪光的"中华"二字。

鲟形目鱼类在分类学上属硬骨鱼，又因其内骨骼多为软骨，体表多被覆着硬鳞亦将其列为软骨硬鳞类。鲟形目鱼是现在地球上生活着的鱼类中最原始的类群。它们的化石最早发现于中生代三叠纪（大约两亿年前）的地层，很多种类在地球演变的长河中灭绝了，只有极少数残存至今，而且主要分布在北半球的北部。目前全世界已为人们认识的共有25种，其中我国分布的有 8 个种。在我国的辽宁和河北也曾于晚侏罗纪到白垩纪地层中发现过它们的化石。

◎分布范围

据 1834 年的有关文献记载，中华鲟的模式产地是中国。尽管它不是中国特产，但却由于模式产地在中国而出名。后来有人根据当时的中国历史和后人的工作推测是广州。它的分布较广，在我国渤海的大连沿岸、旅顺、辽东湾、辽河；黄河北部辽宁省海洋岛及中朝界河鸭绿江；山东石岛、黄河、长江、钱塘江、宁波、瓯江、闽江、台湾基雄及珠江水系等。在长江可达金沙江下游；在珠江水系可上溯西江三水封开，北江达乳源，甚至达广西浔江、郁江、柳江；在海南省沿岸亦产。国外见于朝鲜汉江口及丽江和日本九州西侧。

现在中华鲟主要分布于我国长江干流金沙江以下至入海河口，其他水系如赣江、湘江、闽江、钱塘江和珠江水系均偶有出现。

◎软骨鱼的分类

软骨鱼类一般分为板鳃类和全头类。板鳃类具板状鳃，头部两侧具鳃裂，无鳃盖，包括有已绝灭的裂口鲨目、侧棘鲨目和有现生代表的鲛目和鳐目。全头类鳃裂外被一膜质鳃盖，海生，种类远少于板鳃类。

◎软骨鱼的特点

除侧线外，软骨鱼的吻部还有一种特殊的皮肤感受器——罗伦氏壶腹。它是一个基部膨大的囊袋，可以探测水流、水压和水温，同时还是电感受器，能检测到低至 0.01 微伏的电压。

◎软骨鱼的特征

鲨鱼等由软骨而不是硬骨构成骨骼的鱼类，称为软骨鱼。软骨鱼大约有 700 种，几乎全是生活在海水之中的食肉动物。软骨鱼有流线型的身体和成对的鳍。它们的表皮上布满盾状的鳞片，质地相当粗糙。它们流线型的身体非常利于水中游泳，所以游泳速度极快。

软骨鱼形动物中较高等的一类。体内骨骼全部由软骨组成，体外被盾鳞或无鳞。具奇鳍或偶鳍。体内受精，卵胎生或卵生，大多为海生种类。最早出现于泥盆纪，至石炭、二叠纪渐趋繁盛，一直稳定发展，直至现代。

软骨鱼类一般分为板鳃类和全头类。板鳃类具板状鳃，头部两侧具鳃裂，无鳃盖，包括有已绝灭的裂口鲨目、侧棘鲨目和有现生代表的鲛目和鳐目。全头类鳃裂外被一膜质鳃盖，海生，种类远少于板鳃类。

在泥盆纪中期，一些更为进步的硬骨鱼类出现了。它们骨骼中的一部分或者全部骨化成硬骨质。头骨的外层由数量很多的骨片衔接拼成一套复杂的图式，覆盖着头的顶部和侧面，并向后覆盖在鳃上。鳃弓由一系列以关节相连的骨链组成；整个鳃部又被一整块的骨片——鳃盖骨所覆盖。因此，它们在鳃盖骨的后部活动的边缘形成鳃的单个的水流出口。它们的喷水孔大为缩小，甚至消失。大多数硬骨鱼类由舌颌骨将颌骨与颅骨——舌接型的方式相关联。

这些硬骨鱼类的脊椎骨有一个线轴形的中心骨体，称为椎体；椎体互相关联，并连成一条支撑身体的能动的主干。椎体向上伸出棘刺，称为髓棘；尾部的椎体还向下伸出棘刺，称为脉棘。胸部椎体的两侧与肋骨相关联。

"额外的"鳍退化消失；所有功能性的鳍内部均有硬骨质的鳍条支撑。体外覆盖的鳞片完全骨化。

原始的硬骨鱼类的鳞较厚重，通常成菱形，可分为两种类型：一种是以早期肉鳍鱼类为代表的齿鳞，另一种是以早期辐鳍鱼类为代表的硬鳞。随着硬骨鱼类的进化发展，鳞片的厚度逐渐减薄，后来，进步的硬骨鱼类仅有一薄层的骨质鳞片。

原始的硬骨鱼类具有机能性的肺，但大多数后来的硬骨鱼类的肺转化成了有助于控制浮力的鳔。

1990年，中国科学院古脊椎动物与古人类研究所的余小波研究员在云南曲靖西郊发现了斑鳞鱼，当时把它鉴定为是一种生活在4亿多年前泥盆纪早期的原始肉鳍鱼类。肉鳍鱼类是硬骨鱼类大家族中的一支，硬骨鱼类的另一支是辐鳍鱼类。

◎软骨鱼的进化位置

1999年4月，中科院古脊椎所的朱敏研究员通过对斑鳞鱼进一步研究发现，斑鳞鱼不仅可能是最原始的肉鳍鱼类，而且可能是整个硬骨鱼类最原始的代表。斑鳞鱼中保留的许多非硬骨鱼类特征填补了硬骨鱼类和非硬骨鱼类之间形态上的缺环。

动物界的进化历程

◎软骨硬鳞鱼

在泥盆纪时还存在多种多样的软骨硬鳞鱼类，石炭纪和二叠纪是此类鱼发展的全盛时期，它们不仅在多样性方面获得了很大的发展，而且从淡水推进到海中生活。其重要的代表是古鲟鱼，此属是分布很广的海生软骨硬鳞鱼类，与泥盆纪的鳕鳞鱼相近，个体变大，鳞片也大而厚重。我国新疆吐鲁番和江苏镇江等地二叠系中均发现有此类化石。古鳕鱼是软骨硬鳞鱼类中最典型的代表，所以软骨硬鳞鱼类又叫做古鲟类。

古生代晚期古鳕类的另一分支是扁体鱼。海生、体形向扁高发展、口小、背鳍和臀鳍延长、在其前方呈角状、尾鳍深分叉而呈歪型、菱形的硬鳞变薄了。我国华南海相二叠系中常能发现其鳞片化石。浙江长兴晚二叠世长兴组中所产的中华扁体鱼是我国目前所获的比较完整的本类化石。

软骨硬鳞鱼类衰落于中生代，现今仅残存少数属种，我国甘肃玉门宽台山早白垩世下围惠铺群中的孙氏鱼是中生代晚期的古鳕类。我国的鲟和非洲的多鳍鱼，即为此类之现生代表。

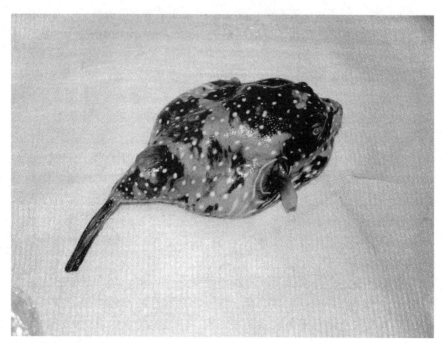

※ 扁体鱼

◎**硬骨鱼的进化**

　　硬骨鱼是脊椎动物亚门硬骨鱼纲所有种类的通称，包括现存鱼类的绝大部分，世界所有供垂钓的鱼种与经济鱼种几乎都包括在内。

　　硬骨鱼纲指除了盲鳗、七鳃鳗等无颚纲及鲨、鳐、魟等软骨鱼纲外，400多科2万种左右的现代鱼的种类和少数原始鱼。主要特征是具有至少一部分由真正的骨（与软骨对照而言）组成的骨骼，其他特征包括：大多数种类具泳鳔（有浮力的气囊），鳃室覆以鳃盖，有骨质板状鳞片，头骨有接缝及行体外受精。

　　硬骨鱼有一副骨骼。这类鱼中的原生硬骨鱼，只有一部分骨骼是硬骨。例如总鳍亚纲鱼类（包括空棘目鱼），肺鱼和鲟鱼类（例如鲟鱼），这些鱼和更进化的硬骨鱼的区别在于：硬骨鱼的骨骼完全由硬骨构成。

　　海鳝、鳕和刺盖鱼作为硬骨鱼的代表，外形各异，但都有极对称的尾鳍，并覆盖细小的鳞片（只有少数例外，包括鳗鲡和一些鲤鱼）。

　　硬骨鱼分为几类。鳗鲡类是一些幼体看上去与成体差异很大的鱼。鲱鱼类是一些过着群居生活的鱼。鲤鱼类包含几乎所有的淡水鱼。河鲈和金枪鱼类是尾鳍有坚硬的辐条支撑的鱼类。它们被称为"刺鳍类"，是硬骨鱼类中最大的类群。

　　不同种类的鱼的差异很大。它们的身体由头部、躯干部和尾部组成。皮肤上覆盖的鳞片，大小和数目也各有不同。在两侧各有一条明显的线叫做侧线，是感觉器官，主要是用来确定方向。一些硬骨鱼的肌肉被一些细小的骨头分隔开。

　　鳗鲡出生时是一种身体扁平的小鱼，称作"小鳗鲡"。成熟时它们有一个很长的一般无鳞光滑的身体，沿着背部是一条连续的鳍。鳗鲡生活在欧洲和美洲的河流和湖泊中，它们迁徙到北大西洋西印度群岛东北部的藻海，在那里繁殖后代。幼仔出生后它们便死去。小鳗鲡在穿过大西洋返回的途中，呈现出成体的形态，在归途中，它们也开始在马尾藻海中生育。

　　鲱鱼主要生活在北海、英吉利海峡和波罗的海。成鱼有一个淡色的腹部和一个深蓝色或近黑色的背。像沙丁鱼和西鲱一样，它们喜欢过群居生活，有时可以几千条鱼生活在一起。这是鲱鱼避免袭击的有效自卫方法。

　　属于鲤鱼类的鱼有几千种，而且分布很广，几乎遍布全球。这些淡水鱼有很大的鳞片，它们的牙齿不是固定在颌上而是固定在咽喉上。它们的嘴能够向前移动吸住食物。鲤属中许多种类主要生活在亚洲和欧洲平静的江河、小池塘和湖泊中，各个种类的形状和色泽的差异很大。有些种类只有很少几个大鳞片（镜鲤鱼）或几乎没有鳞片（草鲤）。这些鱼很容易养殖，而且养殖者已创造了许多变种。鲤鱼主要以植物和无脊椎动物为食。产卵季节要看水的温度，不能太冷（至少 20℃）。雌鱼可以生产成百上千个卵，但大多数小鱼苗一出生，就成为其他鱼甚至成年鲤鱼的食物。

刺鳍类大约出现在 6 千万年以前。鲈鱼是这类鱼的典型代表，它们的鳍都由坚硬、锋利的辐条地撑，巨大的尾鳍有刺。鲈鱼生活在欧洲和北美洲的湖泊和河流中，它们吃无脊椎动物和小鱼，包括它们自己的幼鱼。这些鱼的其他种类生活在海洋中，例如金枪鱼和剑鱼，它们多数是强有力的游泳能手，每小时可以游 100 千米。金枪鱼的体重能达 500 千克，是食肉动物。在鱼类中，它们还有独特的能保持高于水温的体温的能力，它们的种类比较有名气的如太平洋的长鳍金枪鱼以及地中海和大西洋的蓝鳍金枪鱼。

◎硬骨鱼的起源

古生代的第四个纪，约开始于 4.05 亿年前，结束于 3.5 亿年前，持续约 5000 万年。"泥盆纪"分为早、中、晚 3 个世，地层相应地分为下、中、上 3 个统。泥盆纪古地理面貌较早古生代有了巨大的改变。表现为陆地面积的扩大，陆相地层的发育，生物界的面貌也发生了巨大的变革。陆生植物、鱼形动物空前发展的同时，两栖动物也开始出现，无脊椎动物的成分也显著改变。

※ 扁体鱼化石

鱼类相当繁盛的泥盆纪是脊椎动物飞速发展的时期，各种类别的鱼都有出现，故泥盆纪被称为"鱼类的时代"。早泥盆世以无颌类居多，中、晚泥盆世盾皮鱼相当繁盛，它们已具有原始的颚，偶鳍发育，成歪形尾。

此时期，脊椎动物经历了一次几乎是爆发式的发展，淡水鱼和海生鱼类都相当多，这些鱼类包括原始无颌的甲胄鱼类；有颌具甲的盾皮鱼类；以及真正的鲨鱼类。还有与颌连结起来身长达9米具重甲的鲨鱼状的节颈鱼类－邓氏鱼。

泥盆纪中期，硬骨鱼类分化成走向不同进化道路的两大分支：辐鳍鱼类（亚纲）和肉鳍鱼类（亚纲）。

◎硬骨鱼的分布范围

硬骨鱼遍布淡水及海水水域，它们的踪迹遍布洞穴、深海、温泉中；各种外形与习性皆有。体型小自鰕虎的12毫米，大至旗鱼科枪鱼和剑鱼的4.5米长，及翻车鲀的900千克重。

◎硬骨鱼的外形特征

硬骨鱼是水域中高度发展的脊椎动物，以其广泛的辐射适应分布于海洋、河流、湖泊各处。其类型之复杂、种类之繁多可为脊椎动物之魁首。

本纲的主要特点即在于骨骼的高度骨化，头骨、脊柱、附肢骨等内骨骼骨化，鳞片也骨化了。其头部骨骼分化为数目很多、都有各自名称的骨片。

硬骨的来源，有从软骨转变来的软骨内成骨；也有从皮肤直接发生的皮肤骨，故硬骨是双源形成的。硬骨鱼的鳃裂被鳃盖骨掩盖，不单独外露。喷水孔缩小，甚至消失。大多数有鳔，少数有肺。大多数是舌接式的头骨。

原始的类群为歪型尾，进步的类群为正型尾。内骨骼或多或少是硬骨性；体外被骨鳞，或硬鳞，或裸露无鳞；鳃裂外方覆以有骨片支持的鳃盖，鳃间隔退化；雄性腹鳍里侧无鳍脚，尾鳍多为正形尾；鳔通常存在，大多数种类肠内无螺旋。

硬骨鱼典型的体型是纺锤形。背鳍、臀鳍、胸鳍、腹鳍及尾鳍均存在。偶鳍基部变窄，鳍呈扁状，转动灵活。硬骨鱼分类的重要依据是身体各部比例的变化及各种鳍的相互位置及鳍支持构造的变化。

对古生物学的研究来说，骨骼特征更为重要，由保存下来的骨骼反映出形态特征，对鱼类化石的分类非常重要，尤其是头部骨骼构造。硬骨鱼的鳞片，其形态和结构均具有演化和分类上的意义。在古老的硬骨鱼类中有两种类的鳞片结构，即硬鳞和齿鳞；在现代的硬骨鱼类中则为骨鳞，包括圆鳞和栉鳞。

硬鳞是原始硬骨鱼所具有的鳞片，源于真皮。多呈菱形，其表面珐琅质层（闪光层）和底部的骨质层都很厚，中间还有很薄的具血管的齿鳞层。现生者仅为少数鱼类如多鳍鱼和鲟鱼所具有。而化石鱼类具硬鳞者颇多。齿鳞又称整列层鳞，为原始总鳍鱼和肺鱼所有。由下而上分为四层：片状骨质层、海绵状具血管腔的骨质层、具血管的齿鳞层以及表面的珐琅质层。

骨鳞是硬骨鱼类中最进步的真骨鱼类所具有的鳞，为常见的鳞，来源于真皮细胞骨化所生成的骨质板，硬鳞层退化，鳞片薄而富有弹性，通常为圆形，叠瓦状排列。后缘光滑无锯齿者称圆鳞，后缘有锯齿者称栉鳞。后者多见于海生类型。

◎斑鳞鱼的进化位置

1999年4月，中科院古脊椎所的朱敏研究员通过对斑鳞鱼进一步研究发现，斑鳞鱼不仅可能是最原始的肉鳍鱼类，而且可能是整个硬骨鱼类最原始的代表。斑鳞鱼中保留的许多非硬骨鱼类特征填补了硬骨鱼类和非硬骨鱼类之间形态上的缺环。

泥盆纪中期，硬骨鱼类分化成走向不同进化道路的两大分支：辐鳍鱼类（亚纲）和肉鳍鱼类（亚纲）。

从总体上说，地球上所有生活在水里的动物，硬骨鱼类的进化最为成功。即使是那些高度发展了的最完全的水生无脊椎动物，例如各种各样的软体动物以及中生代期间发展地很复杂的菊石类，也远远达不到硬骨鱼类对水生生活的那种适应程度。

如今，地球上所有水域中的各种生态位几乎都被硬骨鱼类据有，从小的溪流到大的河流、从大陆深处的小小池塘到各类湖泊、从浅浅的海湾到浩瀚大洋中各种深度的水域，到处都有硬骨鱼类在漫游。硬骨鱼类各个物种之间体形大小上的差别也很悬殊，有些小鱼永远长不到1厘米以上，而鲔鱼可以长得非常巨大。

硬骨鱼类身体的形状和生态适应类型虽有千差万别，但各有千秋。而且，硬骨鱼类无论是物种数量还是个体数量都远远超过许多其他脊椎动物的总和。因此，硬骨鱼类才是地球上真正的水域征服者。

▶知 识 窗

事实上，并不是所有生活在水里的动物都是鱼类。如庞大的鲸，就是哺乳动物。

然而，所有的水中的动物都能很好地适应水中的生活。它们一般有两对鳍——胸鳍和腹鳍，分别位于身体的两则；还有一个尾鳍，生长于尾部；并且根据种类的不同，在背上生有一个或两个背鳍，在臀上生有一个臀鳍。

它们还长有一个充满气体的囊，叫做鳔，鱼类就是靠它在水中沉降、上浮和保持位置。只有鳐鱼和鲨鱼没有这个器官。鱼类是用来呼吸的鳃，大多数种类的鳃被鳃盖骨覆盖。鳃位于头的两侧，嘴的后方，用来过滤从嘴吞入的水，从水中获取氧，然后从被称为鳃裂的开口处将水排出。

| 拓展思考

1. 软骨鱼有什么特征？
2. 硬骨鱼的进化体位？

探

第五章

索进化史上的水陆两栖动物

TANSUOJINHUASHISHANGDESHUILULIANGQIDONGWU

动物界的进化历程

陆生脊椎动物的最早类型——总鳍鱼

Lu Sheng Ji Zhui Dong Wu De Zui Zao Lei Xing —— Zong Qi Yu

脊椎动物在登上陆地的过程中首先要解决呼吸和行动问题。在晚泥盆世时登陆的总鳍鱼已具有原始肺的构造，肉质偶鳍可以在地上爬行。由此可以推想古代的两栖类是由古代的总鳍鱼类演化而来的；而具有四足的高等动物也应从这种鱼类进化而来。

※ 总鳍鱼

◎总鳍鱼的进化历程

总鳍鱼虽然已经灭绝，但是，今天陆地上的生物无不沐浴着它的恩泽。

4亿年前，地质历史进入古生代的泥盆纪时期。原本湿润的气候变得炎热干燥，海面也在逐渐地缩小，在持续干旱的情况下，欧亚大陆开始出现干旱盆地，沙漠广布。这时，陆地上还没有动物生活，它们只活跃于水中。随着越来越多的溪流和湖泊的消失，那些被迫失去水的动物和植物在干涸的泥浆里死去，水生动物的命运受到从未有过的严重威胁，一些原始无颌鱼开始衰亡。

水生动物的世界末日似乎来临了。

就在这个时候，总鳍鱼历史性地担当起了拯救和升华生物的职能。当其他鱼类在日渐涸竭的水中束手待毙的时候，它开始尝试着爬上陆地，去寻找一片新的水源。正是在这寻找过程中，出现了在陆地上生活的动物。

总鳍鱼腭上有锋利而尖锐的牙齿，非常适合于捕捉其他生物，因此总鳍鱼自然而然地成为肉食性鱼类。把总鳍鱼的牙齿横切，在显微镜下观察，可以见到釉质层是强烈地褶皱起来的，形成一种曲曲折折迷宫似的图案，这种牙齿称为迷齿，与早期两栖动物的牙齿结构相似。总鳍鱼的偶鳍构造较特殊。偶鳍基部有发达的肌肉，鳍内原骨骼排列和陆栖脊椎动物的四肢骨构造

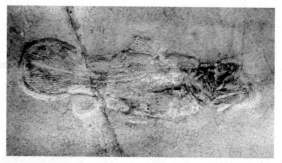

※ 总鳍鱼化石

相似。另外，鳍骨的基部有一块相当于肱骨的鳍基骨，构成支点，接下去的两块骨头相当于挠骨和尺骨，外围有许多相当于腕骨的辐状骨。这种结构使它比其他硬骨鱼扇状结构的鳍能提供更大的支撑力，使它能够在一定程度上沿陆地移动，移到有水的池塘。同时，总鳍鱼用作辅助呼吸的鳔也使它能在缺水条件下延长在陆上的生活时间。

▶知识窗

在由水生向陆生的转变过程中，总鳍鱼不可避免地要承受艰辛的磨难，但是，正由于总鳍鱼这非比寻常的一步，使地球上的生物终于走出了海洋、湖泊与河流。随着两栖动物的来临，爬行动物、鸟类、哺乳动物，都相继出现了，直到最后，有了最高级的动物——人类。如果不是总鳍鱼勇敢地迈出第一步，也许今天繁茂的大陆还是一片荒地。

拓展思考

1. 总鳍鱼有哪些适应陆地的特征？

2. 总鳍鱼类都深化成了哪些动物？

3. 你知道哪些两栖动物？

最大的两栖动物——娃娃鱼

Zui Da De Liang Bing Dong Wu —— Wa Wa Yu

娃娃鱼又名大鲵，是中国独有的珍稀两栖有尾动物。山间盛夏的夜晚，伴随着叮咚的泉水，常听到婴儿般的啼哭，这其实就是大鲵的叫声，人们因此而称其为"娃娃鱼"。娃娃鱼的历史可以追溯到3.5亿年前，素有"活化石"之称。

※ 娃娃鱼

◎形态特征

娃娃鱼是现存有尾目中最大的一种，在两栖动物中要数它体形最大，全长可达1～1.5米，最大体长能达到1.8米。体重最重可超百斤，外形有点类似蜥蜴，只是相比之下更肥壮扁平。

娃娃鱼头部宽扁，上嵌一对小眼睛，口大，眼不发达，无眼睑。身体前部扁平，至尾部逐渐转为侧扁。身体两侧有明显的肤褶，四肢短而扁，前肢五趾，后肢四趾，稍有蹼。尾侧扁，圆形，尾上下有鳍状物。娃娃鱼的体色可随不同的环境而变化，但一般多呈灰褐色。体表光滑无鳞，但有各种斑纹，布满黏液。身体背面为黑色和棕红色相杂，腹面颜色相对较浅淡。

◎生活习性

娃娃鱼喜欢生活在海拔200～1600米的山区溪流中。通常白天隐伏在有洄流水的洞内，傍晚或夜间外出觅食。大鲵食性广泛，以水生昆虫、鱼、蟹、虾、蛙、蛇、鳖、鼠、鸟等为食。它多以"守株待兔"的方式捕食。夜间时，便静守在滩口石堆中，一旦发现猎物经过时，便进行突然袭击，用它口中又尖又密的牙齿，紧紧地咬住猎物。但它的颚齿只有捕食能力，不能够咀嚼，因而捕到猎物时只能大口囫囵吞下，然后送到胃内慢慢消化。有时它吞下一只蛙，十多天也不能完全消化，所以有很强的耐饥饿能力。饲养在清凉的水中二三年

※ 水中的娃娃鱼

不进食也不会饿死。暴食饱餐一顿可增加体重的1/5 这也是娃娃鱼耐饿的原因之一。当食物缺乏时，娃娃鱼之间会出现同类相残的现象，甚至以卵充饥。

因为娃娃鱼自身没有调节体温的能力，到了冬季，它们不能抵御严寒的侵袭，只好躲进水潭或洞穴内，停止进食，进入冬眠。一直等到第二年三四月份天气转暖时，才出洞游荡，寻找食物。

◎繁殖习性

一条雌鱼一年只产一次卵，时间是每年的7～8 月份之间。卵产于岩石洞内，每次可产卵400～500 枚，卵色淡黄，被胶质囊串成念珠状。雌鱼只负责产卵，雄鱼负有护卵育子的责任。为了保护卵免遭敌害或被大水冲走，雄鲵会把身体曲成半圆状，将卵围住，直至2～3 周后孵化出幼鲵，15～40 天后，小"娃娃鱼"分散生活，雄鲵才肯离去。大鲵的寿命在两栖动物中也是最长的，在人工饲养的条件下，能活130 年之久。

※ 娃娃鱼幼体

◎种群现状

大鲵主要分布在长江、黄河、珠江流域的中上游支流中，遍及国内的华南、华中、西南17个省区，主要产地有贵州、四川、湖南、湖北、陕西、河南等省。虽然大鲵分布广泛，但是由于大鲵肉嫩味鲜，所以长期遭到人们大量捕杀。各产地数量锐减，有的产地已濒临灭绝。目前面临的现实是大鲵这一珍贵野生资源，主要因为人的因素，尤其是生存环境丧失、栖息地破坏以及过度利用对大鲵生存造成了严重威胁，导致种群急剧下降，分布区成倍缩小，处于濒危状态。

▶知 识 窗

　　大鲵是水珍三宝之一，营养价值极高。有水中人参之称。据明朝名医李时珍《本草纲目》记载，娃娃鱼对霍乱、痢疾、好科病，冷血病均有疗效；保健方面能安神，助睡眠，增进食欲，补益疗虚，增强人体免疫功能，娃娃鱼肉质细嫩，肥而不腻，营养丰富，对体质虚弱，夜盗汗、妇女血经，男性生精补肾等均有特效，是男女老少皆宜的滋补品。

拓展思考

1. 娃娃鱼濒临灭绝的原因？
2. 如何保护娃娃鱼？

人类的好朋友——青蛙

Ren Lei De Hao Peng You —— Qing Wa

青蛙，从儿童到老人，无人不知，无人不晓。其种群在中国的平原、丘陵、山地均有广泛分布，但个体的品质以北方地产的青蛙最为优良。最原始的青蛙在三叠纪早期开始进化。现今最早有跳跃动作的青蛙出现在侏罗纪。是两栖纲无尾目的

※ 青蛙

动物，成体无尾，卵产于水中，体外受精，孵化成蝌蚪，用腮呼吸，经过变态，成体主要用肺呼吸，但多数皮肤也有部分呼吸功能。主要包括两类动物：蛙和蟾蜍。

◎外形特征

青蛙没有颈，身体由头、躯干、四肢三部分组成，头部紧紧地连着躯干，不能转动，这有利于青蛙游泳。前脚上有四个趾，后脚上有五个趾，还有蹼。青蛙的躯干部短而宽，背腹扁平，适于游泳。它的四肢发达，有利于在陆地生活。前肢短小，指间无蹼。后肢长，粗壮

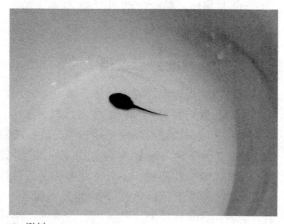

※ 蝌蚪

有力，适于在陆地上跳跃，趾间有蹼，适于在水中游泳。青蛙全身没有鳞片和羽毛覆盖，皮肤裸露，能分泌黏液，经常保持湿润，有帮助呼吸，交换气体的作用。蛙肺的结构简单，呼吸时由于肺吸取的氧气不能满足蛙体的生活需要，蛙通过皮肤吸进的氧气可占整体吸氧量的40%左右。成体无尾，体长约8厘米、头扁而宽，略呈三角形，眼圆而突出，两眼后方各有一明显的圆形鼓膜，鼻孔小，口宽阔，吻部尖，舌扁平分叉，并能翻出，用于捕捉食物。

◎生活习性

青蛙多栖息池塘、水沟小河的岸边草丛及稻田中，喜欢吃昆虫，大型青蛙还可以捕食鱼、鼠类，甚至是鸟类。白天一般隐匿在草丛或水稻田内，晚上和清晨才出来活动。

青蛙在气温下降到10℃以下时钻入水边或泥土中进行冬眠，翌年春季（长江流域3月上旬）出来活动，一般4～

※ 长出后腿的蝌蚪

7月份进行繁殖。雌蛙一次可产卵34粒，蛙的受精卵12天可孵出蝌蚪。蝌蚪生长到了一定程度开始变态。

◎蝌蚪变青蛙的变态过程

蛙类的生殖特点是雌雄异体、水中受精，繁殖的时间大约在每年4月中下旬。在青蛙繁殖季节，雌蛙将卵产在水中，雄蛙随即排出精液。精、卵在体外完成受精过程。受精卵在膜内进行细胞分裂，发育成胚胎。胚胎继续发育，形成蝌蚪从膜内孵化出来。刚孵化出来的蝌蚪，身体呈纺锤形，无四肢、口和内鳃，生有侧扁的长尾，头部两侧生有分支的外鳃，它们吸附在水草上，靠体内残存的卵黄供给营养。经过几天以后，长出了口，能够摄食水中的微生物。再过些时候，外鳃消失，长出内鳃，身体外面逐渐出现侧线，心脏发育成一心房一心室，从外部形态到内部构造都很像鱼。大约再过 40 天，蝌蚪又发生了进一步变化，先开始长出后肢，然后又长出前肢；尾部逐渐缩短；内鳃消失，肺形成；心脏由一心房一心室变为二心房二心室；外部形态和内部构造已经与鱼区别开了，蝌蚪已变成了幼小的青蛙，幼蛙离水登陆，逐渐发育为成蛙。

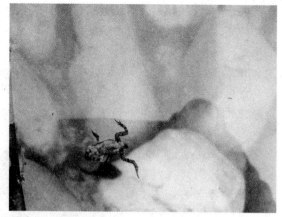

※ 变成青蛙的蝌蚪

◎青蛙的本领

1. 捉虫能手

青蛙是捕食害虫的能手，一只青蛙一天大约要吃 70 只虫子，一年吃 1550 多只。它常常蹲在稻田、池塘、水沟或河流沿岸的草丛中、禾苗间，鼓起一对大眼睛，凝视着远方，一动也不动，严密监视着周围的动静。如果有飞虫经过，它会马上跃起，伸出舌头，把昆虫卷进嘴去。青蛙有一张宽阔的大嘴巴，还有长而分叉的舌头。它的舌头与众不同：不是长在口腔的后部，而是长在下颌的前面，舌头翻向咽喉。捕捉飞虫的时候，它突然把舌头翻出口外，飞虫一碰到上面的黏液，就被粘住了。青蛙将舌头快速翻转，飞虫也就进肚子里了。

2. 歌唱家

每到炎热的夏天，尤其是在夜晚，水塘里都会蛙声四起。它们躲在草丛或水塘边，一应一和地相随大叫，好像在对歌。青蛙叫得最欢的时候，是在大雨过后。每当这时，就会有几十只甚至上百只青蛙"呱呱——呱呱"地叫个没完，那声音几里外都能听到，像是一支气势磅礴的交响乐，仿佛在为农业丰收唱赞歌。

蛙的发音器官为声带，位于喉门软骨上方。有些雄蛙口角的两边还有能鼓起来振动的外声囊，声囊产生共鸣，使蛙的歌声雄伟、洪亮。雨后，当你漫步到池塘边，你会听到雄蛙的叫声彼此呼应，此起彼伏，汇成一片大合唱。科学工作者指出，蛙类的合唱并非各自乱唱，而是有一定规律和意义的，有领唱、合唱、齐唱、伴唱等多种形式，互相紧密配合，是名副其实的合唱。据推测，合唱比独唱优越得多，因为它包含的信息多；合唱声音洪亮，传播的距离远，能吸引较多的雌蛙前来，所以蛙类经常采用合唱形式。

3. 运动健将

青蛙是两栖动物，既能生活在水里，又能生活在陆地上的动物。当它在水中游水时，用长而有蹼的强大后肢划水游泳；当它在陆地上时，用肌肉发达的强大后肢跳跃。

※ 跳跃中的青蛙

跳跃是青蛙在陆地上最主要的活动方式，身体结构也朝向适应跳跃的方向发展。青蛙的后肢比前肢长很多，修长的后肢是名副其实的弹簧腿产生往前冲的力量，比较短的前肢则能减轻落地后的冲击力。跳跃的原理如同压扁的弹簧放松之后往外弹跳出去，而后肢的大腿、小腿及足部平常坐叠在一起就具有压扁的弹簧功能。为了跳更远，腰部的肠骨特别延长和相接并形成可动关节，这样青蛙跳出去以后，身体拉长更有冲力。据测量，青蛙的跳跃能力可以是它体长的 20 倍，是一个名副其实产运动健将。

4. 伪装高手

青蛙还很善于伪装来自我保护。青蛙除了肚皮是白色的以外，头部、背部都是黄绿色的，上面有些黑褐色的斑纹。青蛙为什么呈绿色？原来青蛙的绿衣裳是一个很好的伪装，它在草丛中几乎和青草的颜色一样，可以保护自己不被敌人发现。

※ 青蛙的保护色

▶知 识 窗

　　青蛙是国家禁止捕杀的保护动物，但在日常生活中，有不少人把青蛙肉当做补品或美味佳肴，导致一些商贩大肆捕杀青蛙。其实经现代的科学研究，青蛙是不宜食用的，因为青蛙是很多寄生虫的寄生体，即使是完全煮熟的青蛙也不能完全消灭那些寄生虫。

拓展思考

1. 为什么说青蛙是两栖动物？
2. 青蛙的种群现状如何？

动物界的进化历程

动物界的怪杰——鸭嘴兽

Dong Wu Jie De Guai Jie —— Ya Zui Shou

鸭嘴兽是一种奇特的"混杂"型动物：它毛茸茸的身体像水獭一样，喙和网状的脚蹼又像只鸭子。以至于第一个看到鸭嘴兽的欧洲科学家认为鸭嘴兽是"人工合成"的。18世纪末期，英国的一位科学家乔治·夏尔收到澳大利亚政府官员寄来的一个包裹。

※ 鸭嘴兽

当他打开后，看到了一件奇怪的家伙，皮毛是巧克力一样的褐色，脸看上去像啮齿目动物的，但嘴却像鸭子似的，而且"脚"也像鸭子似的。夏尔看着这个怪物，还以为是谁在开玩笑，把鸭子缝到了海狸身上呢。

然而，这样奇异的动物鸭嘴兽是真实存在的，而且它们主要生活在澳大利亚的淡水水域。在圣路易斯的华盛顿大学工作的基因学家韦斯利·沃伦这样评论它们："可爱又有趣。这也是它们吸引很多人的原因。"

◎外貌特征

鸭嘴兽分布于澳大利亚和塔斯马尼亚。属半水栖生活，为淡水中的捕食动物。成年鸭嘴兽长度有40～50厘米，雌性重量在700～1600克之间，雄性在1000～2400克之间。鸭嘴兽体长约50厘米，全身裹着柔软褐色的浓密短毛，就像麝鼠一样。尾巴又宽又短，就像海狸的尾巴一样。鸭嘴兽有敏锐的视觉和听觉。它的耳朵长在眼睛后面的沟槽中。鸭嘴兽颌部扁平，形似鸭嘴，嘴上的皮肤光滑平坦，颜色呈黑色，皮肤敏感，像皮革一样。脚趾间有薄膜似的蹼，前脚的蹼在挖掘时会反方向褶于掌部，从而露出它锋利的爪子。就自我保护来讲，雄性鸭嘴兽后足有刺，内存毒汁，喷出可伤人。人若被毒刺刺伤，即引起剧痛，以至数月才能恢复。这是它的"护身符"，雌性鸭嘴兽出生时也有毒距，但在长到 30 厘米时就消失了。鸭嘴兽幼体有齿，但成体牙床无齿，而由能不断生长的角质板所代替，板的前方咬合面

※ 游泳中的鸭嘴兽

形成许多隆起的横脊，用以压碎贝类、螺类等软体动物的贝壳，或剁碎其他食物，后方角质板呈平面状，与板相对的扁平小舌有辅助的"咀嚼"作用。鸭嘴兽的尾巴大而扁平，占体长的 1/4，在水里游泳时起着舵的作用。

◎生活习性

　　鸭嘴兽是两栖动物，它生长在河、溪的岸边，大多时间都在水里，特别擅长挖掘、游泳和潜水。常把窝建造在沼泽或河流的岸边，洞口开在水下，包括山涧、死水或污浊的河流，湖泊和池塘。它在岸上挖洞作为隐蔽所，洞穴与毗连的水域相通。当它潜入水中的时候，它的眼睛是闭着的，靠嘴巴表面的感觉细胞来探测水中微弱的电流，从而使自己找到猎物：青蛙、蠕虫、昆虫的幼体和甲壳类

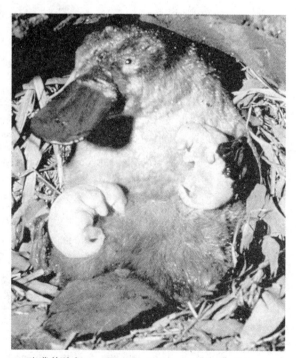

※ 鸭嘴兽幼仔

动物。

鸭嘴兽以软体虫及小鱼虾为食，但是可怜的鸭嘴兽没有哺乳动物般尖利的牙齿，一张扁扁的鸭嘴，如何咀嚼食物，难道生吞活咽吗？鸭嘴兽却有办法，每次它在水中逮到猎物时，先藏在腮帮子里，然后浮上水面，用嘴巴里的颌骨上下夹击后才吞咽下去。这一习性与鸭子倒是有几分相像。

鸭嘴兽的生殖是在它所挖的长隧道内进行，一次最多可产下 3 枚卵，形状像麻雀蛋，不过比较圆一些，长 1.6～1.8 厘米。卵壳是软的，容易相互粘在一起。刚出壳的幼仔光秃无毛，看不见东西。母兽孵卵时一般几天都不离洞。以后出来时，也是为整容理妆、洗洗、湿润一下皮毛。然后又钻入自己的"产房"，仔细地把洞口用土堵好。4 个月后，小鸭嘴兽才敢离洞。这时，它们的毛已完全长齐，体长已达 35 厘米，完全能够自己外出觅食。

◎鸭嘴兽三怪

第一怪：放毒

鸭嘴兽长着厚厚的皮毛、有趣的嘴和脚，令人一看到就情不自禁地想抱一下。

但是，注意了！千万不要被它们可爱的外表骗了！一旦雄鸭嘴兽感受到威胁时，它就像有些哺乳动物一样，通过后脚上锋利的刺来释

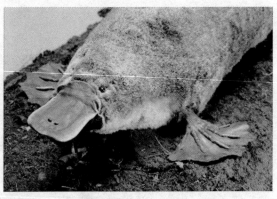

※ 看似憨态可掬的鸭嘴兽

放出毒素。而你一旦被刺伤，虽然不会死，但疼痛却是免不了的。

第二怪：下蛋

毒素、鸭掌不是鸭嘴兽奇怪的特征。想想看，如果你的狗会下蛋，你会作何感想？雌鸭嘴兽就会像鸟儿一样下蛋，据了解，世界上只有两种哺乳动物才会下蛋。一种是鸭嘴兽，一种是针鼹鼠。而且鸭嘴兽并不是用乳头给宝宝喂奶的，而是通过自己腹部上的一条沟，小宝宝舔食那儿就可以吃奶了。

第三怪：释放电场

鸭嘴兽还有一些很特殊的器官，称为电感受器，这种器官能让鸭嘴兽

在游泳时对周围环境非常敏感。电感受器能够发出电场并察觉在此电场中发生的变化。这种器官能够帮助鸭嘴兽在漆黑的水中寻找到食物。很少有哺乳动物有这种器官，除了原始的几种鱼类，比如，鲨鱼和虹。

　　由于鸭嘴兽具有很多爬行动物的特征，这些特征为科学家们研究爬行动物在2.7亿年前是如何演变为哺乳动物的课题提供了很好的素材。

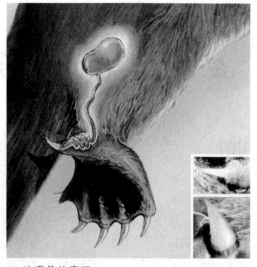

※ 鸭嘴兽的毒源

▶│知 识 窗│----------------------------------

　　历经亿万年，既未灭绝，也无多少进化，始终在"过渡阶段"徘徊，真是奇特又奥妙，充满了神秘感。这种全世界唯有澳大利亚独产的动物，但因追求标本和珍贵毛皮，多年滥捕而使种群严重衰落，曾一度面临绝灭的危险。由于其特殊性和稀少，已列为国际保护动物。澳大利亚政府已经制定保护法规。

│拓展思考│

　　1. 关于鸭嘴兽有哪些影视作品？

　　2. 鸭嘴兽冬眠吗？

由鱼到两栖动物的典型代表——弹涂鱼

You Yu Dao Liang Qi Dong Wu De Dian Xing Dai Biao —— Dan Tu Yu

弹涂鱼，又名花跳、跳跳鱼。隶属于鲈形目、弹涂鱼科。中国有 3 属 6 种，常见的种类有弹涂鱼、大弹涂鱼，青弹涂鱼。弹涂鱼是由鱼演变到两栖动物的鲜明例子。

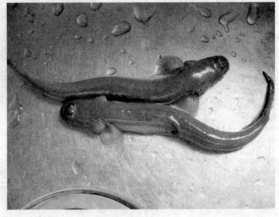

※ 弹涂鱼

◎形态特征

在澳大利亚的东北海岸，沿着平坦的海边长着一片茂盛的红树林。对于游客来说，这里是一个很难进入的地方，只能远观，不可亲近。因为这里到处都是难以立足的沼泽地，鳄鱼和血吸虫是这里的统治者。这个动植物天堂向前来探险的生物学家们提出了挑战。这里充满了生

※ 弹涂鱼两只突出的大眼睛

机，沿着海岸线你可以看到，在这处沼泽中到处活跃着一种奇特的动物：有的在泥地上蹦来蹦去，有的在红树林快速穿梭着，还有的正在泥地上钻洞，以最巧妙的方式不漏痕迹地将自己隐藏起来，等待着下一次涨潮机会的到来。这种动作敏捷，长着灯泡似眼睛的动物叫弹涂鱼——一种两栖类鱼类，它们生活在岸边的红树林中和平坦的海边泥地上，在中国沿海和西非及太平洋的热带海洋边也可以见到。

弹涂鱼身体长形，成鱼体长一般在 12～15 厘米左右，有的可达 30 厘米左右。身体前部略呈圆柱状，后部侧扁。眼位于头部的前上方，突出于头顶，两眼颇接近。腹鳍短且左右愈合成吸盘状。肌肉发达，故可跳出水面运动。胸鳍基部粗强，有助于在陆上行动。雄鱼的肛门乳头略尖，呈长三角形；雌鱼略扁呈圆形，体呈青蓝色，带有淡色小点星布全身。

◎生活习性

在自然环境下，弹涂鱼多栖息于沿海的泥滩或咸淡水处，能在泥、沙滩或退潮时有水溜的浅滩或岩石上爬行，善于跳跃。平时匍匐于泥滩、泥沙滩上，当它在躁急或受惊吓时，才会作远距离跳跃，迅速跳入水中或钻洞穴居，以逃避敌害。每当退潮时，你可以在滩涂地方看到弹涂鱼在跳来跳去地玩耍和互相追逐。弹涂鱼的视觉非常灵敏，稍受惊动就很快跳回水中或钻入洞穴、岩缝中。

※ 生活在海里的弹涂鱼

弹涂鱼有离水觅食的习性，每当退潮时。它常依靠胸鳍肌柄爬行跳动于泥涂上以觅食，或爬到岩石、红树丛上捕食昆虫，或爬到石头上晒太阳。当它出水后，

※ 泥滩里的弹涂鱼

发达的鳃室充满了空气，并把尾部浸在水中，作为辅助呼吸之用。离水生活已经成为它的重要习性，如果不定期地离开水面，弹涂鱼将会面临死亡的威胁。

弹涂鱼具有挖孔钻道而栖息的习性，其孔口至少有两个。一处为正孔口，是出入的主通道；另一处为后孔口，是出入的次通道。可畅通水流与空气。孔道为"丫"型，也可做产卵室。

弹涂鱼适宜水温为 24℃～30℃，冬季水温 14℃以下时则躲藏于洞穴越冬。有太阳的好天气，即使是冬季也会出来摄食活动。当水温低于10℃以下时，则深居于底穴洞中，休眠保暖过冬。

当弹涂鱼要离开水面时，在嘴里含上一口水，以此延长它在陆地上停留的时间。因为嘴里的这口水可以帮助它呼吸，就像潜水员身上背的氧气罐充满了气，而弹涂鱼的"气罐"则是充满了水的嘴。

弹涂鱼鱼类用来呼吸的鳃，是真正意义上的鱼，但它却长时间居住在陆地上，成为最初的两栖动物。尽管弹涂鱼喜欢在烈日下跑来跑去，但它们终究是鱼，所以仍然得随时使身体保持湿润，否则就会死亡。

▶知识窗

　　著名动物学家罗伯特·斯蒂宾这样描写弹涂鱼："看到这些弹涂鱼，你不得不佩服它们在陆地上的生存本领。"与它们的水生亲戚相比，弹涂鱼通过登岸获得了很多生存的优势，从而避免了与其他鱼类为争夺食物资源而发生激烈竞争。但弹涂鱼仍然是鱼，并未脱离鱼类，它们与海洋有着难以割舍的联系。

拓展思考

1. 弹涂鱼在进化的过程中，有哪些地方进行了变化？
2. 弹涂鱼有什么经济价值及生物学意义？

动物界的进化历程

爬

第六章

行动物的繁荣

PAXINGDONGWUDEFANRONG

爬行动物的分类

Pa Xing Dong Wu De Fen Lei

爬行动物是第一批真正摆脱对水的依赖而真正征服陆地的变温脊椎动物，可以适应各种不同的陆地生活环境。爬行动物也是统治陆地时间最长的动物，其主宰地球的中生代也是整个地球生物史上最引人注目的时代，那个时代，爬行动物不仅是陆地上的绝对统治者，还统治着海洋和天空，地球上没有任何一类其他生物有过如此辉煌的历史。

※ 爬行动物

◎爬行动物的分类

现在虽然已经不再是爬行动物的时代，大多数爬行动物的类群已经灭绝，只有少数幸存下来，但是就种类来说，爬行动物仍然是非常繁盛的一群，其种类仅次于鸟类而排在陆地脊椎动物的第二位。爬行动物现在到底有多少种很难说清，就大体来说，爬行动物现在应该有接近 8000 种。

◎分类方法

爬行动物传统上根据头骨上颞颥孔的数目和位置分成 4 大类，这种分类不一定正确反映了彼此的亲缘关系，但是使用起来比较方便，所以虽然现在新的划分方案很多，但是这种传统的分类仍然常被使用。

◎各代表类型

头骨上没有颞颥孔的划分成无孔亚纲，代表爬行动物的原始类型；

头骨每侧有一个下位的颞颥孔的划分为下孔亚纲，是向着哺乳动物演化的爬行动物；

头骨每侧有一个上位的颞颥孔的划分为调孔亚纲，是海洋爬行动物；

头骨每侧有两个颞颥孔的划分为双孔亚纲，是主干爬行动物，并演化出了鸟类。

双孔亚纲又进一步划分为较原始的鳞龙下纲和进步的初龙下纲（或总目）。

现存的爬行动物除了龟鳖类属于无孔亚纲，鳄类属于初龙下纲外，其余成员均属于鳞龙下纲。

◎现存的爬行动物划分

龟鳖类划分成龟鳖目，鳄类划分成鳄目，而鳞龙下纲的分目有两种意见，一种意见是分成喙头目和有鳞目，有鳞目进一步划分成蜥蜴、蚓蜥和蛇三个亚目，而蜥蜴亚目和蛇亚目再各自划分成几个下目或超科。另一种意见是蜥蜴、蚓蜥和蛇各升级为一个独立的目，三者再合成一个有鳞总目，其中蜥蜴和蛇下属的下目或超科则升级为亚目。现存的爬行动物的分科也有不同意见，

※ 原水蝎蜥

有些科被另一些专家划分成几个不同的科，还有些科归入哪个亚目也有争议，而这些目、科的拉丁文名称甚至各家都有不同的写法。这里主要介绍现存爬行动物的分类，对于史前爬行动物，只是略微提及。

最早期的爬行动物，出现于石炭纪晚期，约 3.2 亿～3.1 亿年前，演化自迷齿亚纲的爬行形类。林蜥是已知最古老的爬行动物，身长约 20～30 厘米，化石发现于加拿大的新斯科细亚省。西洛仙蜥曾被认为是最早的爬行动物，但目前被认为较接近于两栖类，而非羊膜动物。油页岩蜥与中龙都为最早期的爬行动物之一。最早期的爬行动物生存于石炭纪晚期的

沼泽森林，但体型小于同时期的迷齿螈类，例如原水蝎螈。石炭纪末期的小型冰河期，使得早期爬行动物有机会成长至较大的体型。

白垩纪末期的白垩纪——第三纪灭绝事件，使恐龙、翼龙目、大部分海生爬行动物、大部分鳄形类灭绝，而鸟类、哺乳动物在新生代再次繁盛、多样化，因此新生代被称为"哺乳动物时代"。只有龟鳖类、蜥蜴、蛇、蚓蜥、鳄鱼继续存活到现代，主要生存于热带与副热带地区。现存爬行动物大约有 8200 个种，其中半数属于蛇。林蜥是最早出现的爬行动物。它属于无孔目杯龙类大鼻龙形亚目，头骨后部截平，上下颌很长。

远古最大的爬行动物——恐龙

Yuan Gu Zui Da De Pa Xing Dong Wu —— Kong Long

现如今，世界上大部分恐龙已经灭绝，还有一部分继续繁衍至今（如龟鳖类，蜥蜴类，鳄类、蛇类等）；还有一部分恐龙沿着不同的方向进化成了今天的鸟类和哺乳类。

恐龙，又称恐怖的蜥蜴，是生活在距今大约2.35亿年至6500万年前的动物，是群中生代的多样化优势脊椎动物，大多数属于陆生，也有生活在海洋中的（如鱼龙），也有占据天空能飞翔（如翼龙）的爬行动物，支配全球陆海空生态系统超过1.6亿年之久。

恐龙最早出现在约2.35亿年的三叠纪晚期，灭亡于约6500万年前的白垩纪晚期发生的末白垩纪生物大灭绝事件。

恐龙化石的发现历史悠久。早在发现禽龙之前，欧洲人就已经知道地下埋藏有许多奇形怪状的巨大骨骼化石。直到古生物学家曼特尔发现了禽龙并与鬣蜥进行了对比，科学界才初步确定这是一群类似于蜥蜴的早已灭绝的爬行动物。

1842年，英国古生物学家查理德·欧文创建了"dinosaur"这一名词。英文的dinosaur来自希腊文deinos（恐怖的）Saurosc（蜥蜴或爬行动物）。

对于当时的欧文来说，这"恐怖的蜥蜴"或"恐怖的爬行动物"是指大的灭绝的爬行动物（实则不是）。实际上，那个时候发现的恐龙并不多。自从1989年南极洲发现恐龙化石后，全世界七大洲都已有了恐龙的遗迹。目前世界上被描述的恐龙至少有650至800多个属。后来，中国、日本等国的学者把它译为恐龙，原因是这些国家一向有关于龙的传说，认为龙是鳞虫之长，如蛇等就素有小龙的别称。

最古老的爬行类化石可追溯至约3.2亿～2.8亿年前的古生代之"宾夕法尼亚纪"。追本溯源，当系由两栖类演化而来。两栖类的卵需在水中才能开始发育。爬行类演化出卵壳，可阻止卵中水分的散发。此一重大改革，使爬行类可以离开水生活。

从2.45亿年～6500万年前的中生代，爬行类成了地球生态的支配者，故中生代又被称为爬行类时代。大型爬行类恐龙即出现于中生代早期。植食性的迷惑龙，是体形与体重最大的陆栖动物之一。棘龙是迄今为止陆地上最大的食肉动物。另有生活在海中的鱼龙与蛇颈龙及生活于空中的翼龙等共同构成了一个复杂而完善的生态体系。

爬行类在地球上繁荣了约1.8亿年左右。这个时代的动物中，最为大家所熟知的就是恐龙。恐龙给人们的印象就是一只巨大而凶暴的动物，其实恐龙中亦有小巧且温驯的种类。

恐龙属脊椎动物爬行类，曾生存在中生代的陆地上的沼泽及灌木丛里，后肢比前肢长且有尾。其中有许多种好食肉，许多种好食草。其中发展较缓慢的种类，类似最古之鳄及喙头类，发展较完善的种类与鸟类相似。

恐龙在地球上生存了近1.6亿年的时光，在这么长的时间里，地球的环境也发生了很大的变化。原本连成一整片的盘古大陆逐渐漂移，分裂成为现在我们熟知的形态。这些地球板块漂移到全球各处后，由于光照不再均匀，热量的传导也被海洋阻断，气候环境发生了很大的变化。

在恐龙时代早期，蕨类植物构成的矮灌丛是地球上主要的植被。板块漂移，再加上气候变化，使得地球上的植物种类产生了巨大的变化。

不过，由于这些变迁是在非常漫长的时间内逐渐发生的，因此生长其中的动物依然能够很好地适应。但是由于恐龙时代中期，地壳运动加剧，使得地质活动频繁，造成了陆地气候变化。

到了恐龙时代晚期，气候变得干燥寒冷，地球上出现了沙漠。由于地球板块的漂移，造成高山隆起。深谷下沉，板块携带大陆向不同的方向运动，地球上的环境发生了一系列翻天覆地的变化。

在历史上，人类发现恐龙化石由来已久。只不过是当时由于知识水平有限，还无法对这些化石进行正确的解释而已。

相传早在1700多年前晋朝时代的我国四川省（当时被称为巴蜀之蜀郡）武城县就发现过恐龙化石。但是，当时的人们并不知道那是恐龙的遗骸，而是把它们当作是传说中的龙所遗留下来的骨头。

早在曼特尔夫妇发现禽龙（第一种被命名的恐龙）之前，欧洲人就已经知道地下埋藏有许多奇形怪状的、巨大的动物骨骼化石。

但是，当时人们并不知道它们，因此一直误认为是"巨人的遗骸"。普洛特·加龙省里丁大学的一位名叫哈士尔特德的研究人员根据从一部历史小说《米尔根先生的妻子》中发现线索，经过很长时间的研究，翻阅了大量的资料，宣布他终于发现了如下的研究结果：1677 年，一个叫普洛特·加龙省的英国人编写了一本关于牛津郡的自然历史书。在这本书里，普洛特·加龙省描述了一件发现于卡罗维拉教区的一个采石场中的巨大的腿骨化石。

普洛特·加龙省为这块化石画了一张插图，并指出这个大腿骨既不是牛的，也不是马或大象的，而是属于一种比它们还大的巨人的。

虽然普洛特·加龙省没有认识到这块化石是恐龙的，甚至也没有把它与爬行动物联系起来，但是他用文字记载和用插图亲临描绘的这块标本已经被后来的古生物学家鉴定是一种叫做巨齿龙（现名斑龙）的恐龙的大腿骨，而这块化石的发现比曼特尔夫妇发现第一种被命名的恐龙——禽龙早出 145 年。因此，哈士尔特德认为，普洛特－加龙省应该是有史以来恐龙化石的第一个发现者和记录者。

恐龙站立的姿态和行进方式是与其他爬行动物的最大区别，恐龙具有全然直立的姿态，其四肢构建在其躯体的正下方位置。这样的架构要比其他各类的爬行动物（如鳄类，其四肢向外伸展）在走路和奔跑上更为有利。根据恐龙腰带的构造特征不同，可以划分为两大类：蜥臀目、鸟臀目。

※ 恐龙

德国科学家后来提出，恐龙灭绝是由当时恶劣的"空间天气"造成的，也就是说，来自宇宙的强烈粒子流闯入地球大气并导致地球气候发生剧烈变化，最终致使恐龙灭绝。

据德国《科学画报》杂志报道，来自波恩天体物理学研究所的约尔格·法尔教授介绍说，地球在 6000 万年前曾陷入一次强烈的宇宙粒子流"风暴"中。在遭遇这样的风暴时，高速进入地球大气的各种粒子会达到平时的上百倍之多，将大气中的分子"撕裂"成为形成雨水所必要的凝结核，最终导致地球大气中云层增厚，降雨频繁，气温急剧下降。

科学家认为，正是宇宙粒子流的爆发导致了地球气候条件的剧烈变化，而不能适应此种气候变化的恐龙也因此在较短时间内灭绝。

迄今为止，各种有关恐龙灭绝原因的解释还都不能自圆其说。近年来美国物理学家路易·阿尔瓦雷兹提出的小行星撞击地球的假说备受各方关注。他在研究意大利古比奥地区白垩纪末期地层中的黏土层时发现微量元素——枣铱的含量比其他时期地层陡然增加了 30～160 多倍，之后人们从全球多处地点取样检测都得出同样结论，白垩纪末期地层中铱元素合量异常增高的确是普遍性的。于是阿尔瓦雷兹认为在白垩纪末期有一颗直径约 10 千米的小行星撞击了地球，产生的尘埃遮天蔽日。造成地表气候环境巨变，导致了恐龙的消亡。但是，用小行星撞击地球来解释岩层中铱含量增加和恐龙灭绝存在许多疑点。

▶ 知 识 窗

地震龙是超大恐龙的代表龙，第一只地震龙化石在 1991 年发现。地震龙有长的脖子，小脑袋，以及一条细长的尾巴。鼻孔长在头顶上。它的头和嘴都很小，嘴的前部有扁平的圆形牙齿，后部没有牙齿。地震龙是最大的恐龙，但部分科学家认为已发现的地震龙化石属于一只长得过大的梁龙。目前公认最长的恐龙是地震龙。

| 拓展思考 |

1. 爬行动物的进化地位？
2. 关于恐龙的灭绝都有怎样的解释？

动物界的进化历程

现存最古老的爬行动物——乌龟

Xian Cun Zui Gu Lao De Pa Xing Dong Wu —— Wu Gui

乌龟别称金龟、草龟、泥龟和山龟等，在动物分类学上隶属于爬行纲、龟鳖目、龟科，是最常见的龟鳖目动物之一。乌龟是以甲壳为中心演化而来的爬虫类动物，最早见于三叠纪初期，当时即有发展完全的甲壳。早期乌龟可能还不能够像今日一般，将头部与四肢缩入壳中。而现在的乌龟最主要的特征就是受袭击

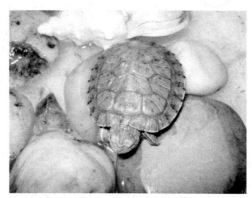

※ 乌龟

时，可以把头、尾及四肢缩回龟壳内。中国各地几乎均有乌龟分布，但以长江中下游各省的产量较高，广西各地也都有出产，尤以桂东南、桂南等地数量较多，国外主要分布于日本和朝鲜。

◎形态特征

龟四肢粗壮，适于爬行，脚短或有桨状鳍肢（海龟），具有保护性骨壳，覆以角质甲片。有坚硬的龟壳，头、尾和四肢都能缩进壳内。乌龟壳略扁平，背腹甲固定而不可活动，背甲长 10～12 厘米、宽约 15 厘米，有 3 条纵向的隆起。头和颈侧面有黄色线状斑纹，四肢略扁平，指间和趾间均具全蹼，除后肢第五枚外，指趾末端皆有爪。

※ 头、尾和四肢缩进壳里的乌龟

◎乌龟的生活习性

1. 乌龟属半水栖、半陆栖性

爬行动物。主要栖息于江河、湖泊、水库、池塘及其他水域。白天多陷居水中，夏日炎热时，便成群地寻找荫凉处。乌龟是用肺呼吸，体表有角质发达的甲片，能减少水分蒸发。性成熟的乌龟将卵产在陆上。

2. 食物的广泛性。以动物性的昆虫、蠕虫、小鱼、虾、螺、蚌、植物性的嫩叶、浮萍、瓜皮、麦粒、稻谷、杂草种子等为食。耐饥饿能力强，数月不食也不致饿死。

3. 明显的阶段性。一是摄食阶段。4月下旬开始摄食，约占其乌龟体重的2～3％；6～8月摄食量很大，约占5～6％；10月摄食量下降，约占1～2％。二是休眠阶段。乌龟是变温动物，其体温随着外界温度而变化，从11月到翌年4月，气温在15℃以下时，乌龟潜入池底淤泥中或静卧于覆盖有稻草的松土中冬眠；5月到10月，当气温高于35℃，乌龟食欲开始减退，进入夏眠阶段（短时间的午休）。这一阶段乌龟忙于发情交配、繁殖、摄食、积累营养，寻求越冬场所。

4. 群居性。乌龟喜集群穴居，有时因群居过多，背甲磨光滑、四肢磨破皮了仍不分散。

5. 乌龟为变温动物。水温降到10℃以下时，即静卧水底淤泥或有覆盖物的松土中冬眠。冬眠期一般从1月到次年4月初，当水温上升到15℃时，出穴活动，水温18℃～20℃开始摄食。

◎常见的种类

巴西彩龟：巴西彩龟又名巴西红耳龟、七彩龟、秀丽锦龟、麻将龟等。原产地为密西西比河沿岸。巴西彩龟可能是世界上饲养最广的一种爬行动物。它们的原产地位于密西西比流域，主要分布于美国的新墨西哥东部，路易斯安娜，密西西比，阿拉巴马，穿过俄克拉荷马，阿肯色，堪萨斯，肯塔基，田纳西，东堪萨斯，以及密苏里东

※ 巴西红耳龟

部，直到伊利诺斯。也自然分布于像俄亥俄那样的隔离区，在墨西哥州东北部也有广泛分布。然而，源自有意引种或宠物遗弃及逃逸的"野生"种群，已定居于适合其生长的包括美国其他地区在内的世界各地。

中华花龟：中华花龟长有蹼足，是高度水栖龟。中华花龟幼体缘盾的

※ 中华花龟

※ 八角龟

腹面具黑色斑点，似一粒粒珍珠，故又名珍珠龟。这种美丽的龟类，在其头部、颈部和暴露的皮肤上都长着亮绿色和黑色的细条纹。在深色的背甲上，常常沿着棱突，长有不甚明显的略带红色的斑块。幼体通常有 3 条棱突，但这一般不会出现在较为年长的成体上。中华花龟已能大量人工繁殖，尤其在中国台湾地区人工繁殖量较大。该物种已被列入中国国家林业局 2000 年 8 月 1 日发布的《国家保护的有益的或者有重要经济、科学研究价值的陆生野生动物名录》。

八角龟：八角龟俗名锯缘龟，在中国国内，广泛分布于湖南、广东、广西、海南、云南。国外分布于越南、泰国、缅甸、印度（阿萨姆）。八角龟在中国内陆因为是本土龟种，生活在中国南方山区的一种龟类，不过在北方的市场上也很容易看到它们，八角龟的背甲的边缘呈锯齿状，一共有八个齿，所以叫八角龟，这也是它最大的特点。八角龟多生活于山区、丛林、灌木及小溪中，几乎不会进入深水区域活动。食性为动物性，尤喜食活食，如蝗虫、黄粉虫、蚯蚓等。它喜暖怕寒，当环境温度在 19℃时进入冬眠，25℃时正常进食。

▶ 知 识 窗

　　从龟背甲盾片上的同心环纹的多少通常可以推算出龟的年龄，每一圈代表一个生长周期，即一年。盾片上的同心环纹多少，然后再加 1（破壳出生为一年）即是龟的年龄。这种方法只有龟背甲同心环纹清楚时，才能计算比较准确，对于年老龟或同心环纹模糊不清的龟，只能估计推算出它的大概年龄了。

┃ 拓展思考 ┃

1. 你还知道哪些乌龟的种类？

2. 乌龟如何鉴别雌雄？

3. 人工饲养乌龟应该注意那些事项？

爬行动物的活化石——鳄鱼

Pa Xing Dong Wu De Huo Hua Shi —— E Yu

鳄鱼属二级受保护的濒危动物，是迄今发现活着的最早和最原始的爬行动物，它是在三叠纪至白垩纪的中生代（约2亿年以前）由两栖类进化而来，延续至今仍是半水生性凶猛的爬行动物，它和恐龙是同时代的动物，恐龙的灭绝不管是环境的影响，还是自身的原因，都已是化石；鳄鱼的存在证明了它顽强的生命力。

※ 鳄鱼

◎科属分类

动物界、脊索动物门、脊椎动物亚门、爬行纲、鳄目，下属三科：鼍科、鳄科、长吻鳄科。

鳄目是所有爬虫类动物的统称。通常为体形巨大、笨重的爬行动物，外表上和蜥蜴稍类似，属肉食性动物，目前公认鳄的品种共23种。

鳄鱼不是鱼，而是祖龙现存唯一的后代。鳄鱼之所以引起特别关注是因其在进化史上的地位：鳄是现存生物中与史前时代似恐龙的爬虫类动物相联结的最后纽带。同时，鳄又是鸟类现存的最近亲缘种。大量的各种鳄化石已被发现；4个亚目中有3个已经绝灭。根据这些广泛的化石纪录，有可能建立起鳄和其他脊椎动物间的明确关系。

◎外形特征

鳄鱼分布于东南亚沿海直到澳大利亚北部。全长6～7米，重约1吨，最长达10米，是现存最大的爬行动物。据考古发现鳄鱼最大体长达12米，重约10吨，但大部分种类鳄鱼平均体长约6米，重约1吨。颚强而有力，长有许多锥形齿，腿短，有爪，趾间有蹼。尾长且厚重，皮厚带有鳞甲。

◎生活习性

鳄鱼白天喜欢呆在水中睡觉，它们可以伏在木头或石块上，有时也漂浮在水面，有时四腿朝上，背甲朝下，头却朝上露出水面。夜晚的时候，鳄鱼的比较活跃。鳄鱼借助其背甲上保护色，漂浮在水中时像一块烂木头，很不容易被发现。它时常将眼、鼻伸出水面外，而头不完全伸出。

鳄鱼是自身几乎不能产生体热的变温动物，因此它们须依靠外界温度。要温暖时，身体晒太阳或躺在一个暖和的地方，要凉时便躺在树

※ 鳄鱼强而有力的颚

※ 岸边休息的鳄鱼

荫下或进入水中，它们的身体对太阳和风向有特殊的感应，当鳄鱼温暖后，心跳加快，更多的血液流向表层，加速了热量的吸收并分散到体内各处，从而加速食物消化和体形的增长；但在太阳下暴晒，没有任何方法来迅速出汗或散发热量，就会在短的时间死亡。在低温时就会停止进食并变得迟钝，一般的温度值在15℃时对食物失去兴趣，低于7℃时无法正常运动身体并在水中无法保持平衡。

鳄鱼生性好斗，特别在陆地上常常会为争夺食物、配偶及栖息场与同类相斗，它们伸长头颈相互撕咬，但自小生活在一起的鳄鱼不会发生这种现象。

鳄鱼入水能游,登陆能爬,体胖力大,被称为"爬虫类之王"。它以肺呼吸,由于体内氨基酸链的结构,使之供氧储氧能力较强,因而具有长寿的特征。一般鳄鱼平均寿命高达 150 岁,是爬行动物中寿命最长的。

因为鳄鱼是靠肺呼吸,长时间待在水中就会被淹死,在它的鼻孔上部到吻部尖上有一个隆起的地方,内部腔孔是向后通到咽喉部,在咽喉前有一个舌簧从嘴的底部升到顶部,这样就使鳄鱼在水下咬住食物或咀嚼时喉咙关闭而使水不能进入气管,同时吻尖上的隆起气管能保持在水面上正常呼吸而不用嘴巴。

◎鳄鱼的适应性

鳄鱼在地球上存活了 1 亿年,至今为止,它大概是对环境适应能力最强的动物,它对环境的适应性表现在以下几个方面:

1. 头部进化精巧,在狩猎时可保证仅眼耳鼻露出水面,极大地保持了隐蔽性。

2. 在爬行动物中拥有难以置信的发达心脏,为 4 心房,正常爬行动物只为 3 心房,接近哺乳动物水平。

※ 鳄鱼的卵

3. 心脏能在捕猎时将大部分富氧血液运送到尾部和头部,极大增强了爆发力。

4. 大脑进化出了大脑皮层,因此其智商大大超乎我们的想象。

5. 肝脏可在腹腔中前后移动以调节身体重心。

◎鳄鱼的眼泪

古代西方传说,鳄鱼不但凶猛残忍,还十分狡猾奸诈。当它窥视着人、畜、兽鱼等捕食对象时,往往会先流眼泪,似乎在悲天悯人,使你被假象麻痹而对它的突然进攻失去警惕,在毫无防范的状态下被它凶暴地吞噬。另一说,鳄鱼将猎物抓捕到手之后,在贪婪地吞食的同时,会假惺惺地流泪不止。总之，此语是喻指虚假的眼泪，伪装的同情。而后约定俗成地引申为专门讽刺那些一面伤害别人、一面装出悲悯善良之态的阴险狡诈之徒。

鳄鱼真的会流眼泪，只不过那并不是因为它伤心，而是在润滑自己的眼睛。鳄鱼的眼睛是由层膜护着眼球，当鳄鱼潜入水中时，鳄鱼眼中的瞬膜就闭上，既可以看清水下的情况，又可以保护眼睛；当鳄鱼在陆地上时，瞬膜就被用来滋润眼睛，而这就需要用到眼泪来润滑。

▶知识窗

鳄鱼是地球上唯一不患癌症的动物，事实上，它的寿命远远超过以长寿著称的龟和鳖。在鳄鱼体内有一种优化核酸，常食可补气血、壮筋骨、驱湿邪，对咳嗽、哮喘、风湿、贫血、糖尿病、癌症等有较好的辅助疗效。

据《本草纲目》记载"鳄鱼肉至补益"。鳄鱼肉不但美味，而且能补血、壮筋骨、驱湿邪。对哮喘、咳嗽、风湿、糖尿病均有奇效，医学上称为动物黄金。

拓展思考

1. 鳄鱼常见的有哪些种类？
2. 鳄鱼是冷血动物吗？

善于自保的蜥蜴

Shan Yu Zi Bao De Xi Yi

蜥蜴俗称"四足蛇"，有人叫它"蛇舅母"，是一种常见的爬行动物。蜥蜴属于冷血爬虫类，和它出现在三叠纪时期的早期爬虫类祖先很相似。大部分是靠产卵繁衍，但有些种类已进化成可直接生出幼小的蜥蜴。蜥蜴与蛇有许多相异之处，但就动物界发展过程中有机结构的演化程度上来看，它们都处于同一发展阶段，而且非常相近。所以当前世界上几乎所有的分类学家，都把它们共置于爬行纲下的有鳞目中，区别为两个不同的亚目。

◎形态特征

蜥蜴的外形可分为头、躯干、四肢与尾四部分。头与躯干之间的颈部在外形上并无明显界限，但头可以灵活转动。体长从 3 厘米（如壁虎）至 3 米（如巨蜥）。体重最轻者不足 1 克，最重者多于 150 千克。

蜥蜴的身体外形及大小，是爬虫类中差异最大的一种。身体多细长，具长尾，多具 4 肢，除鼻孔、口、眼及泄殖腔开口外，体表覆以鳞片，有些种于头和体鳞下真皮内有骨鳞。蜥蜴在头部上可以见到口，一对鼻孔，一对眼睛和一对耳孔。如无外耳孔，则鼓膜位于表面，有的种类鼓膜上被细小鳞片或锥状大鳞覆盖，头部也有鳞片。各种蜥蜴头背的大鳞片数目及排列一致，可作分类鉴别的依据；上下唇鳞及颈部鳞片亦相对一致，也可作分类参考。前后肢分别区分为肱（股），前臂（胫），掌（跖）与指（趾）等部分。前后肢均各具 5

※ 蜥蜴

指、趾指、趾末端均具爪。此外，被覆于躯干外的鳞片的形状、大小、行数与结构，也是分类鉴别的依据。

蜥蜴两性差异比较大，雄性具有鲜艳色斑是蜥蜴两性差异中最普遍的一种现象。例如蛇蜥雄性体背具有若干翡翠绿色的短横斑，草蜥雄性体侧具有鲜绿色纵纹，沙蜥雄性腋下或腹面具有红斑等等。雄性的这种特殊色斑往往在繁殖季节尤为鲜艳夺目。

◎活动与摄食

蜥蜴是变温动物，在温带及寒带生活的蜥蜴在冬季进入休眠状态，活动具有季节性变化。而在热带生活的蜥蜴，由于气候温暖，可终年进行活动。但在特别炎热和干燥的地方，也有夏眠的现象，以度过高温干燥和食物缺乏的恶劣环境。可分为白昼活动、夜晚活动与晨昏活

※ 正在捕食的蜥蜴

动三种类型。不同活动类型的形成，主要取决于食物对象的活动习性及其他一些因素。

个体蜥蜴的活动范围很局限。树栖蜥蜴往往只在几株树之间活动。据研究过的几种地面活动的蜥蜴，如多线南蜥等，活动范围平均在 1000 平方米左右。有的种类还表现出年龄的差异。刚孵出的螈蜓多在孵化地水域附近活动，成年后才转移到较远的林中活动。

大多数蜥蜴吃动物性食物，主要是各种昆虫。壁虎类夜晚活动，以鳞翅目等昆虫为食物。体型较大的蜥蜴如大壁虎（蛤蚧，）也可以小鸟，其他蜥蜴为食物。巨蜥则可吃鱼、蛙甚至捕食小型哺乳动物。也有一部分蜥蜴如鬣蜥以植物性食物为主。由于大多数种类捕吃大量昆虫，蜥蜴在控制害虫方面所起的作用是不可低估的。很多人以为蜥蜴是有毒动物，这是不对的。全世界 6000 种蜥蜴中，已知只有两种有毒蜥，隶属于毒蜥科，且都分布在北美及中美洲。

◎蜥蜴的繁殖

蜥蜴类具有交接器，可进行体内受精。一般在春末夏初进行交配繁殖。有些蜥蜴种类的精子可在雌体内保持活力数年，交配一次后可连续数年产出受精卵。据科学家研究发现，在一部分蜥蜴种类中只有雌性个体，这类蜥蜴的繁殖发球孤雌繁殖，它们的染色体往往是异倍体。有的正常行两性繁殖的种类，在一定环境条件下也会改行孤雌繁殖。孤雌繁殖有利于全体成员都参与产生后代，有利于迅速扩大种群，占据生存领域。

多数种类蜥蜴都是卵生，产卵时节是夏季，多在温暖潮湿而隐蔽的地方。卵数由一到几十枚不等。卵的大小

※ 蜥蜴

与该种个体的大小有一定的关系。壁虎科的卵略近圆形，卵壳钙质较多，壳硬而脆。其他各种蜥蜴的卵多为长椭圆形，壳革质而柔韧。

◎蜥蜴的变色

蜥蜴会通过变色来进行自我保护，因为在蜥蜴的表皮上有一个变幻无穷的"色彩仓库"。在这仓库里，储藏着绿、红、蓝、紫、黄、黑等奇形怪状的色素细胞，这些色素的周围有放射状的肌纤维丝，可以使色素细胞伸

※ 蜥蜴的变色

缩自如。一旦周围的光线、湿度和温度发生了变化，或者让变色龙受到化学药品的刺激，有的色素细胞便增大了，而其他一些色素细胞就相应缩小，于是，变色龙通过神经调节，像魔术师一样，随心所欲地变换着身体上的颜色。

◎蜥蜴的断尾与再生

当蜥蜴遇到天敌时，会自己断掉尾巴用活脱脱乱动的尾巴吸引天敌，以便自身逃脱危险。当人们用小木棍追打蜥蜴时，瞄准其尾巴用力一杵，蜥蜴逃跑了，它的尾巴却留下了，这时便可以看到精彩的一幕：蜥蜴尾巴的断处贴在墙上，另一头则转圈，不停地摇晃着，摇晃的速度由快到慢，可长达几分钟。这种现象叫做自截，可认为这是一种逃避敌害的保护性适应。自截可在尾巴的任何部位发生。但断尾的地方并不是在两个尾椎骨之间的关节处，而发生于同一椎体中部的特殊软骨横隔处。这种特殊横隔构造在尾椎骨骨化过程中形成，因尾部肌肉强烈收缩而断开。

※ 蜥蜴断掉的尾巴

蜥蜴的尾巴为何断下来还能摇晃呢？科学家对这个问题进行了研究，发现蜥蜴的尾巴中不仅有脂

※ 断掉尾巴的蜥蜴

肪，还有大量的糖原，蜥蜴的营养和能量以糖原的形式储存在尾巴里。糖

原是一种最容易释放的物质，当尾巴断下来后，糖原迅速释放出来，促使断后的尾巴依然摇晃。

蜥蜴断尾自救也是无奈之举，因为蜥蜴的尾巴是营养仓库，平时它把多余的营养都贮存在尾巴里，断其尾就是丢失了营养库，这无疑使它从生理上受到了一次极大摧残。科学家在观察中还发现，蜥蜴常以粗长的尾巴来显示其力量和地位的重要。如果失去尾巴就意味着它在同类中的地位下降，备受欺凌。尾巴失去得越长，地位就越低，因此，断尾的蜥蜴只有忍辱负重再生其尾，从身体各个部位挤出营养供应其尾巴的再生。我国壁虎科、蛇蜥科、蜥蜴科及石龙子科的蜥蜴，都有自截与再生能力。

▶知识窗

·蜥蜴与蛇的区别·

有人认为蜥蜴与蛇的区别在于蜥蜴有四只足，而蛇没有足。在一部分蟒科蛇类的泄殖肛孔两侧都可找到一对呈爪状的后肢；而蛇蜥，在外形上连足的痕迹都找不到，人们常常把它们误认为是蛇。蜥蜴与蛇有易于识别的外形特征：

1. 蜥蜴多数种类的舌头都较宽大肥厚。蛇的舌头都很细长，前端分叉甚深，基部位于鞘内，常通过口前端的缺刻处时伸时缩，借以搜集外界（主要是食物）的"气味"分子，送入锄鼻器产生嗅觉。

2. 蜥蜴的尾巴都较长，一般约等于（或仅略短于）头体长，或为头体长的 $2\sim3$ 倍。蛇的尾巴相对较短，为体长的 $1/2$ 至 $1/4$（即尾长占全长的 $1/3\sim1/5$）。

3. 蜥蜴下颌骨的左右两半以骨缝结合，不能活动，口不能张大。蛇的下颌骨左右两半以韧带相连，彼此间可拉开，这是蛇的口可以张得很大的原因之一。

4. 蜥蜴一般都有外耳孔，即使没有，也可从外表看出鼓膜的所在。蛇没有外耳也没有鼓膜，所以外表上看不出听觉器官的痕迹。

5. 蜥蜴多数具有活动的上眼睑和下眼睑，眼睛可以自由启闭。而蛇的上下眼睑只有一透明的薄膜，罩在眼睛外面，所以蛇眼看起来永远是睁开的。

6. 蜥蜴一般具有四肢，即使四肢都退化无存的种类，其体内必有前肢带（肩带）的残余。蛇一般不具四肢，即使有后肢残余的种类，其体内也绝没有前肢带的残余。

┃拓展思考┃

1. 蜥蜴生活在什么样的环境下？
2. 蜥蜴有哪些药用价值？

探

第七章

访鸟类的进化历程

TANFANGNIAOLEIDEJINHUALICHENG

鸟类的进化

Niao Lei De Jin Hua

鸟类通常是带羽、卵生的动物，新陈代谢速率极高，长骨多是中空的，有利于减轻体重，有利于鸟类的飞行。最早的鸟类大约出现在1.5亿年前。它们的身体呈纺锤形、前肢特化为翼，体表有羽毛，体温恒定，肌胸发达，骨骼愈合、薄、中空，脑比较发达。有气囊可以进行双重呼吸，没有膀胱则可以减少身体质量。这些身体特征都很利于飞翔。

鸟类种类繁多，分布全球，生态多样，现在鸟类可分为三个总目。平胸总目，包括一类善走而不能飞的鸟，如鸵鸟。企鹅总目，包括一类善游泳和潜水而不能飞的鸟，如企鹅。突胸总目，包括两翼发达能飞的鸟，绝大多数鸟类属于这个总目。

现今已知鸟类分为多个亚纲，即古鸟亚纲、今鸟亚纲、反鸟亚纲（已灭绝）、蜥鸟亚纲（已灭绝）。现存今鸟亚纲鸟类可归为3个总目。

※ 雄鹰

◎平胸总目

平胸总目多是现存体型最大的鸟类（体重大者达135千克，体高2.5米），适于奔走生活。具有一系列原始特征：翼退化、胸骨不具龙骨突起，不具尾综骨及尾脂腺，羽毛均匀分布（无羽区及裸区之分）、羽枝不具羽小钩（因而不形成羽片），雄鸟具发达的交配器官，足趾适应奔走生活而趋于减少（2～3趾）。分布限在南半球（非洲、美洲和澳洲南部）。

平胸总目的著名代表为鸵鸟或称非洲

鸵鸟，其他代表尚有美洲鸵鸟及鸸鹋（或称澳洲鸵鸟）。

◎企鹅总目

潜水生活的中、大型鸟类，具有一系列适应潜水生活的特征。前肢鳍状，适于划水。具鳞片状羽毛（羽轴短而宽，羽片狭窄），均匀分布于体表。尾短。腿短而移至躯体后方，趾间具蹼，适应游泳生活。在陆上行走时躯体近于直立，左右摇摆。皮下脂肪发达，有利于在寒冷地区及水中保持体温。骨骼沉重而不充气。胸骨具有发达的龙骨突起，这与前肢划水有关。游泳快速，有人称为"水下飞行"。分布限于南半球。

企鹅总目的代表为王企鹅。

◎突胸总目

现存鸟类的绝大多数属于突胸总目，分布范围遍及全球，总计约35个目，8500种以上。它们共同的特征是：翼发达，善于飞翔，胸骨具龙骨突起。最后4～6枚尾椎骨愈合成一块尾综骨。具充气性骨骼、正羽发达、构成羽片，体表有羽区、裸区之分。雄鸟绝大多数均不具交配器官。

我国所产突胸总目鸟类，计有26目81科。根据其生活方式和结构特征，大致可分为6个生态类群，即游禽、涉禽、猛禽、攀禽、陆禽和鸣禽。

◎鸟类的主要特征

鸟类大多数飞翔生活。体表被羽毛覆盖，一般前肢变成翼（有的种类翼退化），骨多孔隙，内充气体；心脏有两心房和两心室。体温恒定。呼吸器官除具肺外，还有由肺壁凸出而形成的气囊，用来帮助肺进行双重呼吸，卵生。

鸟是两足、恒温、卵生的脊椎动物，身披羽毛，前肢演化成翅膀，有坚硬的喙。鸟的体型大小不一，既有很小的蜂鸟也有巨大的鸵鸟和鸸鹋

（产于澳洲的一种体型大而不会飞的鸟）。

目前全世界为人所知的鸟类一共有 9000 多种，仅中国就记录有 1300 多种，其中不乏中国特有鸟种。大约有 120～130 种鸟已绝种，与其他陆生脊椎动物相比，鸟是一个拥有很多独特生理特点的种类。

鸟的食物多种多样，包括花蜜、种子、昆虫、鱼、腐肉或其他鸟。大多数鸟是日间活动，也有一些鸟（例如猫头鹰）是夜间或者黄昏的时候活动。许多鸟都会进行长距离迁徙以寻找最佳栖息地（例如北极燕鸥），也有一些鸟会在海上度过大部分时间（例如信天翁）。

大多数鸟类都会飞行，少数平胸类鸟不会飞，特别是生活在岛上的鸟，基本上都失去了飞行的能力。不能飞的鸟包括企鹅、鸵鸟、几维鸟（一种新西兰产的无翼鸟）以及绝种的渡渡鸟。当人类或其他的哺乳动物侵入到它们的栖息地时，这些不能飞的鸟类将更容易灭绝，例如大的海雀和新西兰的恐鸟。

◎鸟类进化的历程

最早的鸟类与恐龙中的恐爪龙类有明显的相似性。鸟类在白垩纪得到了很大的发展，到新生代开始，已于现代鸟类的结构无明显差别。可以推测，大约在 2 亿年前，从旧大陆的一支古爬行类动物进化成鸟类，逐渐随着鸟类的繁盛而扩展到新大陆。在适应于多变环境条件的同时，鸟类发生了对不同生活方式的适应辐射。

鸟类是由古爬行类进化而来的一支适应飞翔生活的高等脊椎动物。它们的形态结构虽然有与爬行动物相近的地方，也有很多不同之处。这些不同之处一方面是在爬行类的基础上有了较大的发展，具一系列比爬行类高级的进步性特征。

例如，有高而恒定的体温，完善的双循环体系，发达的神经系统和感觉器官以及与此联系的各种复杂行为等；另一方面为适应飞翔生活而又有较多的特化，如体呈流线型，体表被羽毛，前肢特化成翼，骨骼坚固、轻便而多有合，具气囊和肺，气囊是供应鸟类在飞行时有足够氧气的器官。

气囊的收缩和扩张跟翼的动作协调。两翼举起，气囊扩张，外界空气一部分进入肺里进行气体交换。另外大部分空气迅速地经过肺直接进入气囊，未进行气体交换，气囊就把大量含氧多的空气暂时储存起来。两翼下垂，气囊收缩，气囊里的空气经过肺再一次进行气体交换，最后排出体外。

这样，鸟类每呼吸一次，空气在肺里进行两次气体交换，可见，气囊没有气体交换的作用，它的功能是储存空气，协助肺完成呼吸作用。气囊还有减轻身体比重，散发热量，调节体温等作用。

这一系列的特异进化，使鸟类具有很强的飞翔能力，能进行特殊的飞行运动。

一百多年前，有人估计鸟类可能是由恐龙变来的。但在以往的发现和研究中，从未发现任何鸟类以外的动物身上有羽毛。然而，从1996年起，古生物学家相继在热河生物群化石带，发现了中华龙鸟、原始祖鸟、尾羽龙、北票龙、中国鸟龙、小盗龙、原羽鸟等恐龙化石，尾部或前肢上长有绒毛状羽毛，尤其是原始祖鸟的尾巴上，长满了装饰性的扇状羽毛，表明了羽小肢的存在。这些保存完好的化石，显示了鸟类的肩带、翅膀、龙骨突等身体形态的进化过程。

科学家们据此认为，现代的鸟类就是恐龙的后代，恐龙仍与人类生活在同一蓝天下。

"甘肃鸟"是今鸟类已知最古老的成员。今鸟类包括所有现代鸟类及其直接化石祖先，出现于1.4亿年到1.1亿年前的白垩纪早期，它与肩部骨骼结构相反的反鸟类是鸟类进化中的两大分支，都源于"始祖鸟"。

▶ 知 识 窗 ....

鸟类大概是在三叠纪中期，从原始的爬行动物中的初龙类亚纲的槽齿类的蜥龙分出来的一支旁系，这时候的鸟叫做古鸟亚纲，主要的代表有原鸟和始祖鸟。

始祖鸟一般认为是起源于三叠纪中后期，但是现在发现的标本基本上都是侏罗纪的（1.5亿年前），具有羽毛。原鸟起源于晚三叠纪（2.25亿年前），已经具有羽毛，所以算是鸟类，但是很多特征还是和蜥龙里面的秃顶龙很像。

比较而言，始祖鸟要比原鸟更原始，不过两者是分开进化的，现在一般认为现代的鸟是由原鸟进化来的。

▌ ▌ ▌ **拓展思考** ▌ ▌ ▌

1.鸟类的进化经历了一个怎样的过程？

2.鸟类较爬行动物更显进步的特征是什么？

家鸡的祖先——原鸡

Jia Ji De Zu Xian —— Yuan Ji

原鸡属于国家二级保护动物，是家鸡的祖先，在我国仅产于云南、广东、广西及海南地区。雄原鸡鸣声宛如"茶花两朵"，故云南当地俗称原鸡为"茶花鸡"。原鸡与现在的家鸡非常相似，只是体形要小一些。

◎形态特征

原鸡的体态与家鸡相似。头顶有肉冠，喉侧有一对肉垂，是本属独具的特征。雄鸟体长65厘米左右，雌鸟43厘米左右。雌雄异色。雄性羽色很像家养的公鸡，最显著的差别是头和颈的羽毛狭长而尖，前面的为深红色，向后转为金黄色。这些狭尖的长羽，从颈向后延伸，覆于背的前部，比家鸡

※ 漂亮的雄鸡

更为华丽。脸部裸皮，肉冠及肉垂红色，且大而显著。飞羽褐黑色，具栗色外缘。尾羽黑色具金属绿色光泽，中央两枚尾羽最长，下垂如镰刀状。下体褐黑色。脚蓝灰色。雌鸟与家养的母鸡相似，体形较雄性小，尾亦较短。上体大都黑褐色，上背黄色具黑纹，胸部棕色，往后渐变为棕灰色。

◎生活习性

原鸡多栖息于热带林区，在次生竹林、栗林及阔叶混交林中比较常见，也见于灌木丛林中，但特别喜欢在灌木丛中活动。在住宅区附近，偶尔会与家鸡混群觅食。除繁殖期外，常成群生活，大多为3～5只或6～7的小群活动，有时也会集成10～20中的大群，很像一个"家庭"，到处游

荡和觅食，很少单个活动。原鸡警觉性很强，看见人或听见声响便迅速钻入林中或灌丛中逃跑，危急时也能振翅飞翔，但飞行距离不超过200米。原鸡是杂食性鸟类，晨昏觅食，夜栖于树上。以植物性食物为主，如坚果、种子、嫩芽、竹笋、树叶等；有

※ 雄鸡和雌鸡

时也吃动物性食物，如白蚁、蛾、蠕虫等。经常到田间啄食谷粒，取食时必喝水。

原鸡雄鸟在繁殖季节会为保卫自己的地盘和争夺雌鸟经常互相打斗。在云南一些山区，原鸡雄鸟常跑到家鸡群中，把家公鸡赶跑，和母鸡交配。孵出的杂种小鸡野性十足，稍稍长大就跑到森林里去了。但家鸡的各个品种也都是由原鸡驯化培育而来。

◎生长繁殖

原鸡的繁殖期为每年的2～3月。进入繁殖期后，雄鸟叫声开始频繁。雌鸡开始在林下灌木发达、干扰较小的茂密森林中营巢，也有在村落附近的小片树林内营巢的。原鸡的巢非常简陋，通常为地面的一小凹坑，或由亲鸟在地面稍微挖掘一浅坑，内再垫以树叶和羽毛即成，有时直接产卵于灌丛中地上。每窝产卵6～8枚，偶尔少至4枚和多至12枚。卵的颜色为浅棕白色或土黄色，光滑无斑。卵的形状为椭圆形，长4.2～4.8厘米，宽3.1～3.6厘米。卵产齐后开始孵卵，孵化期19～21天，孵化由雌鸟承担。雄鸡觅食饲喂雌鸡。雏鸟孵出后不久即能随亲鸟活动。

◎濒危因素

中国驯化原鸡的历史由来已久，早在新石器时代，龙山文化遗址中，就已发掘到鸡骨的化石，驯化历史至少也有3000年。由于森林无计划的砍伐，破坏了原鸡的栖息环境，很大程度上影响了它们繁殖，加之乱捕滥猎，导致数量减少。为了保住家鸡的祖先，原鸡已列入国家二级保护动物。

造成原鸡濒危的因素主要有：

栖息地破坏：热带雨林的大面积消失是导致原鸡数量下降的主要原因。

过度捕猎：过度狩猎是导致原鸡数量下降的主要原因。

作为医药成分被捕猎：中医传统理论认为原鸡除去内脏和羽毛，取肉鲜用，有补肾、益气血、清虚热的功效。

※ 原鸡驯化基地

▶知识窗

　　原鸡素有"山鸡野味之王""动物人参"之称，是集食用、药用为一体的珍禽类。鸡肉质细嫩鲜美，清香可口，野味浓郁，营养丰富，含有人体必需的氨基酸 21 种之多，蛋白质含量高达 30％，是普通鸡肉、猪肉的两倍，低脂肪（含量仅 0.98％）基本不含胆固醇，是高蛋白质低脂肪的野味食品。山鸡还富含锗、硒、锌、铁、钙等多种人体必需的微量元素，在中医食疗上，具有补气、祛痰止喘，清肺止咳，对儿童营养不良，妇女贫血，产后体虚，子宫下垂和胃痛，神经衰弱，冠心病、肺心病等都有很好的疗效。

| 拓展思考 |

1. 如何人工饲养原鸡？
2. 原鸡如何驯化？

鸟中巨人——恐鸟

Niao Zhong Ju Ren —— Kong Niao

恐鸟是一种不会飞的巨鸟，曾经生活在新西兰，由于遭到当地土著人的大肆捕杀，它们终在 18 世纪从地球上消失。目前根据从博物馆收藏所复原的 DNA，已知有 10 种大小差异不同的种类，包括 2 种身体庞大的恐鸟，其中以巨型恐鸟最大，高度可达 4 米。

　　恐鸟被认为已绝种，虽然有一些报告推测在新西兰某些偏僻的角落直到 18 甚至 19 世纪仍然有恐鸟生存，但一直没有得到证实。

※ 恐鸟的复原图

◎恐鸟的生活习性

　　恐鸟曾是新西兰众多鸟类中最大的一种，最大的个体高约 4 米，是鸵鸟的 2 倍，体重为 41 千克左右。小型的恐鸟则只有火鸡大小，平均身高也有 3 米。在 300 多年以前，巨型恐鸟可称得上世界第一高鸟。恐鸟的羽毛基本都是黄黑色相间的，除了腹部是黄色羽毛。虽然恐鸟的上肢和鸵鸟一样已经退化，但因其肥大的身躯和粗短的下肢，因此奔跑能力远不及鸵鸟。恐鸟与鸵鸟的最大区别是：它的脖子有羽毛覆盖，而鸵鸟的脖子是秃裸的，并且比恐鸟的脖子要长；它是三根脚趾，而鸵鸟是两根脚趾。恐鸟不会飞，有温顺的性格，而且恐鸟只吃素，不沾荤腥，有些嫩树叶、浆果、树籽一类下肚就可以了。

　　恐鸟栖息于丛林中，每次繁殖只产一枚卵，卵可长达 250 毫米，宽达 180 毫米，像特大号的鸵鸟蛋。但它们不造巢，只是把卵产在地面的凹处。这种鸟是怎样到达新西兰的，目前人们还没有一致的看法。更为有趣的是，恐鸟的羽毛类型，骨骼结构等幼年时的特点直到成鸟还依然存在，古生物学家认为这是一类"持久性幼雏"的鸟。

恐鸟是"一夫一妻"制，它们可以共同生活终生或者在其中一只死去，幸存者才去另寻配偶。它们以夫妻为单位终年栖息在新西兰南部岛屿的原始低地和海岸边林区草地里，以浆果、草籽和根茎为食，有时也采食一些昆虫。由于恐鸟身体庞大，需要大量的食物，因此每对恐鸟都有着自己大片的领地。又因为恐鸟多生活在人烟稀少区域，那里一般食物充足，并且没有天敌，只有少数土著人猎杀恐鸟为食，但土著人的原始狩猎方式并没有给恐鸟群体以致命打击。因此，直到18世纪初，仍有许多恐鸟在这里安逸地繁衍生息着。

◎鸟类之王的灭绝

很多古生物学家都认为，恐鸟在300多年前还在新西兰的丛林里游荡。

世界上最早见过恐鸟的人是居住在新西兰的土著毛利人。毛利人是波里尼西亚人的后裔，1000多年前他们从塔希提群岛漂洋过海来到荒无人烟的新西兰岛。令他们万分惊喜的是，这个岛上居然生活着一种巨大无比的、不会飞的鸟，这就是恐鸟。

在新西兰曾生活有15种恐鸟。恐鸟一般高在3米左右，最大的恐鸟可高达4米（是鸵鸟的2倍），体重约300千克。恐鸟中还

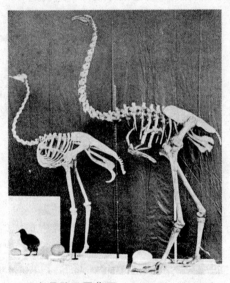

※ 恐鸟骨骼及蛋化石

有一类系矮小种，称侏儒恐鸟，高不及大恐鸟的一半。恐鸟长着两条粗壮的长腿，小脑袋，长脖子，翼和肩带完全退化，胸骨扁平不具龙骨突起。

作为世界上最大的鸟，恐鸟堪称鸟类之王。可是，就是这种世界上最大的鸟类，却也在地球上迅速灭亡了。

过去人们一直认为，这种人类已知的最大的鸟的灭绝是因为人类滥杀的结果，但科学家现在发现，这种鸟灭绝，责任并不全在人类身上。

近年的研究表明，在恐鸟生活的黄金时代，恐鸟家族人丁兴旺，日子过得红红火火。在1000～6000年前这段时间里，新西兰曾生活着300～

1200万只恐鸟。但当人类于1000年前到达新西兰时，恐鸟的数量已经大减，大约不足16万只了。可见那时恐鸟盛世已过，正在走向衰败。

在人类到来之前，恐鸟的数量为什么会下降得如此厉害？据生物学家推测，其中一个重要的原因就是由于火山爆发导致恐鸟数量下降。因为在新西兰北部岛屿中心的陶波湖周围，火山经常爆发，一再毁坏当地恐鸟的生活区。

另一个导致恐鸟数量急剧下降的原因是疾病流行，比如禽流感、沙门氏菌或者肺结核等病的传播，这些疾病是由候鸟从澳大利亚和其他地方带到那里的。当

※ 恐鸟化石

然，如果人类没有到达那个地方的话，恐鸟的数量是能够反弹的，由于人类的到来破坏了它们的生活环境，对恐鸟进行猎杀，使它们的数量进一步下降，最终导致了灭亡。

▶ 知识窗

事实上，恐鸟原本是会飞的，但最后却失去了飞翔的能力。其中的原因一些科学家认为与恐龙灭绝有关。在没有大型掠食性哺乳动物，更没有对恐鸟构成多大威胁的天敌的情况下，植物品种非常丰富的新西兰便成了恐鸟的乐土。它们自由自在地觅食和生长，慢慢地，它们体型越来越大，飞翔能力废弃，翅膀成了摆设，最终进化成为一种新的种类——恐鸟。

拓展思考

1. 你还知道哪些恐鸟灭绝的原因？

2. 你还知道哪些有关恐鸟的知识？

唯一可以向后飞行的鸟——蜂鸟

Wei Yi Ke Yi Xiang Hou Fei Xing De Niao —— Feng Niao

作为世界上最小的鸟类，蜂鸟不仅漂亮异常，还是唯一可以倒飞的鸟。世界上已知的最小型蜂鸟是雨燕目、蜂鸟科，蜂鸟是约600种这类动物的统称。蜂鸟身体很小，能够通过快速拍打翅膀悬停在空中，每秒约15次到80次，它的快慢取决于蜂鸟的大小。蜂鸟因拍打翅膀的嗡嗡声而得名，

※ 蜂鸟

它们不仅可以倒飞，还可以向左和向右飞行，甚至在空中悬停。

◎ "鸟中之蜂"的来历

自然界中，蜂类多凭借小巧的身体、发达的口器和高超的飞行本领在花丛中穿梭，以采食花蜜为生。而蜂鸟在进化中是怎样适应蜂类的生活方式，而成了"鸟中之蜂"的呢？

经过几代鸟类学家的研究，蜂鸟演化的秘密渐渐地被揭开了。人们发现，蜂鸟跟现存的雨燕类有很近的亲缘关系，它们有共同的祖先。由于生活环境的差异，它们的祖先产生两种不同的适应：一部分鸟飞行速度大大提高，它们的后代成了现代鸟类中飞行最快的雨燕；另一部分逐渐具备在空中悬停的本领，它们的后代就是当今的蜂鸟。

◎蜂鸟之小

小小的蜂鸟虽然身材娇小，却拥有世界上所有动物当中最妍美的体态和最艳丽的色彩。蜂鸟这样一种大自然的瑰宝，连精雕细琢的艺术品也无法同它们媲美，蜂鸟还因自己是世界上最小的鸟，而得到了很

※ 飞行中的蜂鸟

多人的喜爱。小蜂鸟是大自然的杰作：轻盈、迅疾、敏捷，优雅、华丽的羽毛……这小小的宠儿应有尽有。它身上闪烁着绿宝石、红宝石、黄宝石般的光芒，在花朵之间穿梭忙碌的蜂鸟以花蜜为食，但它们却有能力不让地上的尘土玷污它们的衣裳。

世界上最小的蜂鸟可以比普通的虾类还小，体重大约只有 2 克重，粗细还及不上熊蜂，大小和豌豆粒差不多的卵只重大约 0.2 克。它的喙像一根细针，舌头像一根纤细的线；它的眼睛像两个闪光的黑点；它翅上的羽毛非常轻薄，看起来仿佛是透明的；它的双足又短又小，不易为人察觉；它极少用足，停下来只是为了过夜；它飞翔起来持续不断，而且速度很快，发出嗡嗡的响声。所以它在空中停留时，双翅的拍击非常迅捷，所以不仅形状看起来不变，而且悬停在空中是它们看上去毫无动作，像直升机一样。所以如果有人见到它一动不动地在一朵花前停留，却突然又飞箭一般朝另一朵花飞去时，并不用奇怪它们的举动。由于它们的娇小却又敏捷的身躯，使得许多比它们大很多的鸟类都对它们无奈，有人就见过一只愤怒的蜂鸟追着一只比它的体型大上十几倍的鸟类狂啄不停。

◎分布范围

娇小的蜂鸟分布范围很有限，人们只在从南加拿大和阿拉斯加到火地岛，包括西印度群岛在内的美洲见到过蜂鸟的身影，在美国和加拿大的西部最常见的种类蜂鸟种类是黑颏北蜂鸟。只有红喉北蜂鸟在北美洲东部繁衍，但是在北美洲东部也可以看到其他种类的蜂鸟的个别成员，它们可能是来自古巴或巴哈马群岛的鸟类们。在中国境内没有蜂鸟的分布。

◎新陈代谢与繁殖

蜂鸟的新陈代谢速率非常快。因为蜂鸟为了采食，多数时间都处于飞翔状态中，而且它的翅膀拍打的速度极快，所以它们的新陈代谢也是相当快的。它们的心跳能达到每分钟500下。蜂鸟每天对食物的消耗量是远远大于它们的体重，为了获取巨量的食物，它们每天必须采食数百朵花。有时候蜂鸟必须忍受好几个小时的饥饿。有时为了适应这种情况，它们就不得不在夜里或不容易获取食物的时候刻意减慢新陈代谢速度。它们会使自己进入一种就像冬眠一样的"蛰伏"期，在"蛰伏"期间它们会降低心跳速率和呼吸频率，

※ 吸食花蜜的蜂鸟

以此减少对食物的消耗量，降低对食物的需求。

对于它们的住巢，一般都是由雌鸟单独筑巢，雄鸟并不参与建筑巢穴。蜂鸟的巢是杯状的织物，通常悬挂在树枝上、洞穴里、岩石表面或大型的树叶上。蜂鸟的卵为白色，一次产非常小的两个，最小的蛋，只有豆粒般大小，每枚重量仅0.5克。然后它们或花上15～19天的时间去孵出它们的小宝宝。

关于蜂鸟的寿命，现存的研究资料还比较少，大部分专家认为蜂鸟的平均寿命为3～4年。在人工饲养下，蜂鸟寿命可达10年，野外记录的蓝胸蜂鸟的寿命仅有7～8年。

◎惊人的记忆力

虽然蜂鸟的大脑只有米粒一样大，却有这着相当惊人的记忆力。曾有英国和加拿大的科研人员发现，蜂鸟不但能记住自己刚刚吃过的食物种类，甚至还能记住自己大约在什么时候吃的东西，所以蜂鸟可以随意吃一些自己没有吃过的东西，以增加新鲜感。曾有报道这样说：看似单薄的蜂鸟都拥有自己的势力范围，因为它们不仅能清楚地记住自己曾光顾过哪些鲜花，甚至能判断出自己光顾那些花朵的大概时间，进而可以根据那些植物的分泌规律重新寻找它们的食物。这样，当蜂鸟再次出动的时候，就能做到不再去那些花蜜已经被自己采空的植物上浪费时间。以前人们认为只有人类才有判断的能力，现在才知道有的鸟类也可以有这种惊人的记忆力。

加拿大蜂鸟就是一种迁徙的蜂鸟，它们会在每年的冬天从寒冷的落基山脉飞到温暖的墨西哥地区越冬，它们等到了来年春天再次不远万里地返回落基山繁育后代。科学家因此推测，蜂鸟拥有惊人记忆力的原因是，由于自身个体太小，年复一年的长时间长途跋涉，它们没有很多的宝贵时间可以花费在寻找食物的工作上。

■知识窗

体型纤小的蜂鸟，大多都生活在茂密的森林中。它们敏捷地在丛林里穿梭，像一颗颗转瞬即逝的流星一样，对于想要观察它们的人，只有具备十足的耐心，并且用高倍望远镜才能看到它们。但观察者的等待，总会得到相应的回报，因为蜂鸟有着无法形容的美，它们的美超过人们所见过的任何一种鸟。它们从头到脚都长着闪烁异彩的羽毛，头部有细如发丝、闪烁着金属光泽的丝状发羽，颈部有七彩鳞羽，腿上有闪光的旗羽，尾部有曲线优美的尾羽。因此，尽管它们行踪不定，仍能吸引无数猎奇者。

|拓展思考|

1. 蜂鸟为什么可以倒着飞？

2. 蜂鸟有哪些别称？

最聪明的鸟类——鹦鹉

Zui Cong Ming De Niao Lei —— Ying Wu

鹦鹉是人类最为欣赏和钟爱的动物，它们羽翼多彩美丽，并且有着其他动物无法比拟的聪明伶俐——它能模仿人类的语言。不仅如此，与其他鸟类相比，鹦鹉善于学习，经训练后可表演许多新奇有趣的节目，是各种马戏团、公园和动物园中不可多

※ 鹦鹉

得的鸟类"表演艺术家"，深受大众喜爱。它们可以学会各种技艺，如：衔小旗、接食、骑自行车、拉车、翻跟斗等等。鹦鹉与人类的文明发展息息相关，它们也是人们最好的伙伴和朋友。

◎鹦鹉的生活习性

鹦鹉有繁多的种类，而且它们形态各异，多数羽色艳丽，它们一般以配偶和家族形成小群活动，栖息在林中树枝上，主要以树洞为巢。

大多数鹦鹉以树上或者地面上的植物果实、种子、坚果、浆果、嫩芽嫩枝等为食，兼食少量昆虫。吸蜜鹦鹉类则主食花粉、花蜜及柔软多汁的果实。鹦鹉在取食过程中，常以强大的钩状喙嘴与灵活的对趾形足配合完成。在树冠中攀援寻食时，首先用嘴咬住树枝，然后双脚跟上；当行走于坚固的树干上时，则把嘴的尖部插入树中平衡身体，以加快运动速度；吃食时，常用其中一足充当"手"握着食物，将食物塞入口中。

◎鹦鹉的分布

鹦鹉分布在世界各地的热带地区。在南半球有些种类扩展到温带地区，也有一些种类分布到遥远的海岛上。鹦鹉在拉丁美洲和大洋洲的种类

最多，在非洲和亚洲种类要少得多，但在非洲却有一些很有名的种类，如情侣鹦鹉。拉丁美洲的鹦鹉中，最著名的是各种大型的金刚鹦鹉。大洋洲的鹦鹉比拉丁美洲更加多样化，包括一些人们最熟悉的、最美丽和最独特的鹦鹉。其中澳洲的虎皮鹦鹉和葵花凤头鹦鹉等是人们最熟悉的鹦鹉。新西兰的鸮鹦鹉是已经失去了飞翔能力的大型鹦鹉，而新西兰的啄羊鹦鹉则进化出了一定的肉食倾向，啄羊鹦鹉也是分布最高的鹦鹉之一。大洋洲种类繁多的吸蜜鹦鹉则属于最美丽的鸟类，比如斐济的蓝冠吸蜜鹦鹉。鹦鹉是人们喜欢饲养的宠物，其野生种群也因此而受到威胁，很多种类都成为濒危物种。鸟类学家已确定我们这个星球上我国原产的鹦鹉只有 6 种，全部是国家重点保护野生动物。

◎鹦鹉的常见种类

灰鹦鹉：灰鹦鹉身上羽毛是银灰色的，尾羽鲜红色，喙部为黑色。幼鸟的眼睛呈深黑色，随着年龄增长而渐转为黄色。从幼小饲养的灰鹦鹉很容易与人亲近，性格也较温和，很惹人喜爱。

灰鹦鹉通常栖息在低海拔地区及雨林。觅食时会一小群一起行动。野外饮食以各类种子，坚果，水果及蔬菜等为主。有说话能力，天资聪颖，智商高，以擅长模仿人语而闻名。

※ 灰鹦鹉

长尾鹦鹉：长尾鹦鹉是鹦鹉科中很受欢迎的一种笼中鸟。有很多种类，最初见于热带地区，而今遍布全世界。被笼养的长尾鹦鹉可以轻易模仿人类说话和吹口哨。它们是种有趣的、讨人喜欢的宠物。大多数长尾鹦鹉体形小巧，羽毛

※ 长尾鹦鹉

色彩艳丽，且长着长而尖的尾巴。雄鸟：顶冠绿色，头侧红色并具醒目的黑色的颊纹，上背沾浅蓝色，尾尖端黄色，两翼淡蓝。雌鸟：色较黯淡，具偏绿的髭须，背上无蓝色。飞行时翼衬为黄色。与绯胸鹦鹉区别在下体绿色，头侧红色。

金刚鹦鹉：金刚鹦鹉产于美洲热带地区，是鹦鹉中体型最大、色彩最漂亮的鹦鹉之一。金刚鹦鹉比较容易接受人的训练，和其他种类的鹦鹉能够友好相处，但也会咬其他动物和陌生人。有些可以活到80岁。金刚鹦鹉可以模仿人温柔的声音，但多数情况下会像野生鹦鹉那样尖叫。金刚鹦鹉也被称做是大力士，主要是因为它们强有力的啄劲。在亚马逊森林中有许多棕树结着硕大的果实，这些果实的种皮通常极其坚硬，人用锤子也很难轻易砸开，而金刚鹦鹉却能轻巧地用啄的方式将果实的外皮弄开，吃到里面的种子。除了美丽、庞大的外表，以及拥由巨大的力量外，金刚鹦鹉还有一个功夫，即百毒不侵，这源于它所吃的泥土。金刚鹦鹉的食谱由许多果实和花朵组成，其中包括很多有毒的种类，但金刚鹦鹉却不会中毒。有人推测，这可能是因为它们所吃的泥土中

※ 红色金刚鹦鹉

※ 蓝色金刚鹦鹉

含有特别的矿物质，从而使它们百毒无忌。

　　虎皮鹦鹉：虎皮鹦鹉头羽和背羽一般呈黄色且有黑色条纹，毛色和条纹犹如虎皮一般，所以称为虎皮鹦鹉。虎皮鹦鹉属于鹦鹉科中的小型品种，其羽毛颜色光艳，性情活泼且叫声清脆、天真可爱、易于

※ 虎皮鹦鹉

驯养，在我国是大众鸟友最喜欢的鸟种之一。

◎为什么鹦鹉能说话

　　鹦鹉能学说人话，只是说它们能模仿人说话的声音，至于所学的话是什么意思，它们可就完全不知道了。

　　鹦鹉会说话与它的鸣管及舌的构造密切相关。虽然都会说话，但鹦鹉的发声器与人类的声带有所不同，鹦鹉的发声器叫鸣管，位于气管与支气管的交界处，由最下部的3～6个气管膨大变形后与其左右相邻的三对变形支气管共同构成。一般的鸟儿能够发出不同频率、高低的声音，那是因为当气流进入鸣管后随着鸣管壁的振颤而发出不同的声音。而鹦鹉的发声器官除了具备最基本的鸟类特征之外，其构造比一般的鸟儿更加完善。在鹦鹉的鸣管中有四五对调节鸣管管径、声率、张力的特殊肌肉——鸣肌。在神经系统的控制下，鸣肌收缩或松弛，从而发出鸣叫声。

　　鹦鹉的鸣管构造与人的声带构造很相近，只不过人的声带从喉咙到舌端有20厘米，呈直角，而鹦鹉的鸣管到舌段有15厘米，呈近似直角的钝角。而这个角度就是决定发音的音节和腔调的关键，越接近直角，发声的音节感和腔调感越强。所以，鹦鹉才能够像人类一样发出抑扬顿挫的声音和音节。

　　鹦鹉还有非常发达的舌头，圆滑而肥厚柔软，形状也与人的舌头非常相似，具备了这样标准的发声条件，鹦鹉便可以发出一些简单但准确清晰的音节了。

动物界的进化历程

鹦鹉是具有学人语天分的鸟种，如非洲灰鹦鹉和部分亚马逊鹦鹉都是学习人语的佼佼者。如金刚鹦鹉、葵花类鹦鹉、虎皮鹦鹉等种类也都能学习一些简单的语句。

取得它的信任，是教鹦鹉学说话的第一步。一般刚离开母鸟或刚从鸟店买来的鹦鹉都很怕人。它们常会钻到黑暗的地方躲起来。在喂食之前，要先确定小鸟空腹了好一阵子，有饥饿感时，再用温热的饲料引诱它，这样它才容易把你当做母鸟来亲近。

接下来你要常跟它讲话，教授时声调要清晰，这样才能保证它听得清，说得准确。

刚开始时，鹦鹉或许不能实时学会，但只要它对你的话有学习的反应，就应给予食物的奖励。每天坚持做同一的训练，直至它学会你教的句子后，就可转第二句、第三句……

当它学会一些简单的句子后，你还可以教它唱歌，一些能增加互动的歌更能加强它学习的兴趣和增加你和它的感情。

鹦鹉已学会的说话是要经常替它温习的，否则它就会忘记。

让鸟学会说话真的不是件容易的事，要付出很多时间和耐心。所以，想要你的鹦鹉会说话，一番"狠功夫"肯定是要下的。

拓展思考

1. 关于鹦鹉有哪些著名的诗句？

2. 如何饲养好鹦鹉？

3. 鹦鹉是国家级保护动物吗？

哺

第八章

BURUDONGWUTONGZHIDIQU

乳动物统治地球

哺乳动物的进化历程

Bu Ru Dong Wu De Jin Hua Li Cheng

哺乳动物是由拟哺乳动物演化而来的。由于其特有的恒温优势以及中生代温暖潮湿的气候条件，哺乳动物得以复苏和大发展。

哺乳动物由自兽齿类爬行动物进化而来，但是要进一步确定是哪一类兽齿类则不是一件容易的事。因为在兽齿类动物里，进步性质和原始性质交错存在，十分复杂。

如早期兽头类的很多特点都很原始，但颞孔却增大，而且已出现了2—3—3—3—3的哺乳动物式的趾式。三列齿兽已有很多进步性质，几乎可以把它放到哺乳动物中去，然而它却仍然保留着爬行动物的上下颌连接方式，即关节骨-方骨的连接。因此对哺乳动物的祖先曾作过种种推测，如犬齿兽类、包氏兽类、鼬龙类、三列齿兽类。

目前比较一致的看法是哺乳动物是多源的，即认为绝大多数的哺乳动物（其中有胎盘类占主要地位）起源于犬齿类，但在种类繁多的中生代哺乳动物里也有起源于其他兽齿类的。

自三叠纪晚期起，哺乳动物便开始登上大自然的历史舞台。

最早的哺乳动物化石是在中国发现的约生活在2亿年前侏罗纪时期的吴氏巨颅兽。从化石上看，哺乳动物（尤其是早期的哺乳动物）与爬行动物非常重要的区别在于其牙齿。爬行动物的每颗牙齿都是相同的，彼此没有区别，而哺乳动物的牙齿按它们在颌上的不同位置分化成不同的形态，动物学家可以通过各种牙齿类型的排列（齿列）来辨识不同品种的动物。

此外爬行动物的牙齿不断更新，哺乳动物的牙齿除乳牙外不再更新。在动物界中，只有哺乳动物耳中有三块骨头。它们是由爬行动物的两块颌骨进化而来的。

哺乳动物具备了许多独特特征，因而在进化过程中获得了极大的成功。

最重要的特征是：进一步发展的智力和感觉能力；保持恒定的体温；繁殖效率的提高；获得食物及处理食物能力的增强；胎生，一般分头、颈、躯干、四肢和尾五个部分；用肺呼吸；脑较大而发达。哺乳和胎生是哺乳动物最显著的特征。胚胎在母体里发育，母兽直接产出胎儿。母兽都有乳腺，能分泌乳汁哺育仔兽。这一切涉及身体各部分结构的改变，包括脑容量的增大和新脑皮的出现，视觉和嗅觉的高度发达，听觉比其他脊椎动物有更大的特化；牙齿和消化系统的特化有利于食物的有效利用。

到第三纪为止，所有的哺乳动物都很小，在恐龙灭绝后哺乳动物占据了许多生态位。到第四纪哺乳动物已经成为陆地上占支配地位的动物了。

※ 吴氏巨颅兽头骨

▶ **知识万花筒**

蝙蝠是哺乳动物吗？

胎生是哺乳动物的一个明显特征，蝙蝠是胎生动物，所以蝙蝠是唯一一类演化出真正有飞翔能力的哺乳动物，有 900 多种。它们中的多数都具有敏锐的回声定位系统。

大多数蝙蝠以昆虫为食，因为蝙蝠大量捕食昆虫，故在昆虫繁殖的平衡中起重要作用，甚至可能有助于控制害虫。某些蝙蝠也会吃果实、花粉、花蜜。还有一些吸血蝙蝠以哺乳动物及大型鸟类的血液为食，它们多生活在热带美洲。

蝙蝠呈世界性分布。但在热带地区数量偏多，它们会在人们的房屋和公共建筑物内集成大群。

| **拓展思考** |

1. 哺乳动物是由什么演化而来的？
2. 你知道哺乳动物都分带哪些类吗？
3. 哺乳动物在动物发展史上处于哪个阶段？

最高的陆生动物——长颈鹿

Zui Gao De Lu Sheng Dong Wu —— Chang Jing Lu

长颈鹿是世界上最高的陆生动物，以长长的脖子而闻名，它的颈和头的高度约占整个高度的一半以上。雄性个体高达 4.8～5.5 米，重达 900 千克。雌性个体一般要小一些。主要分布在非洲的埃塞俄比亚、苏丹、肯尼亚、坦桑尼亚和赞比亚等国，生活在非洲热带、亚热带广阔的草原上。长颈鹿虽起源于亚洲，却只分布于非洲部分国家。

◎长颈鹿的长脖子

长颈鹿的长脖子在物种进化的过程中独树一帜，这样它们在非洲大草原上，就可以吃到其他动物无法吃到的，在较高地方的新鲜嫩树叶与树芽。但长颈鹿和其他动物的脖子椎骨同样只有 7 块，只是它们的椎骨较长，一块椎骨有 2 米长。是什么原因使它的脖子（颈椎骨）变长的呢？这个问题引起许多学者的兴趣。

※ 长颈鹿

法国生物学家拉马克提出有名的"用进废退"和"获得性状遗传"学说，认为长颈鹿祖先生活的地区，因自然条件变化而成为干旱地带，牧草稀少。长颈鹿为了生存，必须取食高大树木上的叶子充饥。为达此目的，它就特别努力地伸长脖子。由于经常使用的器官愈用愈发达，不使用的器官就退化；而获得性状又是可以遗传的，这样一代一代延续变化下去，千载万代，颈脖子就逐渐变长了。

然而，生物进化论的奠基者——达尔文，却用自然选择学说来解释长颈鹿的长颈：在古代的长颈鹿中，由于个体不同，它们的颈有长有短。在气候干旱，地面青草干枯，灌木死亡的自然条件下，身高脖长的长颈鹿能够吃到身矮脖短的长颈鹿无法吃到的高树木上的叶子，在生存竞争中脖长者得胜而生存下来，逐渐形成今天的长颈鹿。

◎形态特征

长颈鹿的头上都长着一对角，而且终生不会脱掉。长颈鹿皮肤的底色呈棕褐色，上有不同大小的花斑，如同疏林中的阴影，与它生活的环境色彩很协调，不易被天敌和猎人发现。

长颈鹿喜欢群居，一般十多头生活在一起，有时多到几十头一大群。长颈鹿是胆小善良的动物，每当遇到天敌时，立即逃跑。当跑不掉时，它那铁锤似的巨蹄就是很有力的武器。

※ 优雅行走的长颈鹿

长颈鹿除了一对大眼睛是监视敌人天生的"瞭望哨"外，还会不停地转动耳朵寻找声源，直到确定平安无事，才继续吃食。长颈鹿喜欢采食大乔木上的树叶，还吃一些含水分的植物嫩叶。它的舌头伸长时可达 50 厘米以上，取食树叶极为灵巧方便。

◎生活习性

野生的长颈鹿以树叶为食，一头长颈鹿每天能摄入 63 千克的树叶和嫩枝。长颈鹿行走经常显得步态悠闲从容。行走时一侧的前后肢向前挪动而另一侧的前后肢着地。这是大型四足动物常用的运动方式，比如大象也采用此方式挪步行走。

※ 长颈鹿踢野牛

但长颈鹿绝对是奔跑能手，它的四肢细长，每足仅四趾，第二和第三趾发达，演变成为坚硬的蹄子。脚踵具有弹性韧带，皮肤厚可达 2.5 厘米，不易被荆棘刺伤，故擅长于在疏林或荆丛中来往奔跑，长颈鹿遇到敌害攻击的时候则能以 60 千米的时速奔跑，能和我们的小轿车跑得一样快！但是长颈鹿的心脏过小，使得它不能做长距离奔跑。当受到威胁时，长颈鹿的防御方法是用它的脚猛踢敌人的要害地方，踢一下足以使狮子的头骨踢碎。长在长颈鹿的头顶的一对角是它们在相互玩耍时用的，真正打架的地方是它那一双有力的后腿，这四条腿可以将狮子、豹子这些猎食者踢翻在地上，甚至将猎食者踢死的情况也经常出现。

◎长颈鹿的睡眠

一般大型动物的睡眠时间都较少，起码比小型动物睡眠时间要少得多，例如大象，一个晚上只睡3～4小时，其中还有两个小时是站着睡的。但是长颈鹿的睡眠时间比大象还要少，一个晚上一般只睡两小时。对于长颈鹿来说，睡眠实在是一件非常棘手的事，甚至会使它们面临危险。长颈鹿大部分时间也是站着睡，尤其是在短睡阶段。由于脖子太长，长颈鹿睡觉时常常将脑袋靠在树枝上，以免脖子过于疲劳。当长颈鹿进入睡梦阶段时，它们与大象一样，也需要躺下休息，这一阶段大约持续20分钟。但是，长颈鹿从地上站起来很不容易，经常要花费整整1分钟的时间，这使得它们在睡眠时的逃生能力大打折扣。所以，长颈鹿躺下睡觉是一件十分危险的事情。为了自身的安全，它们更多的时候是站着睡觉。

> **知识窗**
>
> 长颈鹿会不会有高血压？
>
> 因为长颈鹿有一个很长的脖子，它的心脏与头部之间约有3米远。那么，为了确保新鲜血液能及时输送到头部，其心脏血压就要比一般哺乳动物高2～3倍。长颈鹿的颈部形成了许多可缓冲血压的小动脉网络，有效地减小了血液到达头部时的压力，因而脑部血管不致有破裂危险。
>
> 有人又会疑惑，那当长颈鹿饮水时，头部要低于心脏的位置，在这种情况下，长颈鹿的头部血压是否会急剧升高而导致脑溢血？答案是不会的，因为随着长颈鹿两足叉开和低头，颈动脉瓣即自动关闭，流向脑部的血液就大量减少，所以脑部血压不会因此而突然升高。

> **拓展思考**
>
> 1. 长颈鹿的长脖子为它带来了哪些不便？
> 2. 长颈鹿什么时候来到中国？
> 3. 长颈鹿的长脖子是如何一步步进化的？

中国国宝——大熊猫
Zhong Guo Guo Bao —— Da Xiong Mao

大熊猫是我国的国宝，是我国特有的物种，属于哺乳动物；也是世界上最珍贵的动物之一，数量已十分稀少，是国家的一级保护动物。它是一种有着独特黑白相间毛色的活泼可爱的动物，深受人们的喜爱。

※ 大熊猫

◎中国国宝

大熊猫的祖先是始熊猫，大熊猫的学名其实叫"猫熊"，意即"像猫一样的熊"。这是一种由拟熊类演变而成的以食肉为主的最早的熊猫。始熊猫的主支则在中国的中部和南部继续演化，其中一种在距今约 300 万年的更新世初期出现，始熊猫的体形比现在的熊猫小，从牙齿推断它已进化成为兼食竹类的杂食兽，卵生熊类，此后这一主支向亚热带扩展，广泛分布在华北、西北华东西南华南以至越南和缅甸北部，至今那里都有化石发现。据化石显示，大熊猫祖先出现在 200～300 万年前的洪积纪早期。距今几十万年前是大熊猫的极盛时期，它属于剑齿象古生物群，大熊猫的栖息地曾覆盖了中国东部和南部的大部分地区，北达北京，南至缅甸南部和越南北部。化石通常在海拔 500～700 米的温带或亚热带森林发现。后来同期的动物相继灭绝，大熊猫却孑遗至今，并保持原有的古老特征，所以，有很多科学价值，因而被誉为"活化石"，中国把它誉为"国宝"。

◎外形特征

大熊猫肥硕的体形确实与熊有些相像，但大熊猫的身体更显胖软，而且是头圆颈粗短，耳朵小尾巴也短，四肢粗壮，头部和身体毛色黑白相间分明。头不仅圆而且大，前掌除了五个带爪的趾外，还有一个第六趾。躯干和尾呈白色，两耳、眼周、四肢和肩胛部全都是黑色的，腹部淡棕色或灰黑色。人们经常在没有休息好的时候，会出现黑眼圈，也就是熊猫眼，所以人们对大熊猫的那双八字形黑眼圈比较敏感，看着就像戴了一副眼镜一样，招人喜爱。

※ 憨态可掬的大熊猫

◎生活习性

憨憨的大熊猫喜欢单独生活。它们主要栖息在气候温凉潮湿有迎风面的长江上游各山系的高山深谷中，所以说它们是一种湿性动物。它们主要在坳沟、山腹洼地、河谷阶地等区域里活动，这些地方的环境条件非常好，食物和

※ 正在吃竹子的大熊猫

水源资源都非常丰厚。它们有时候也会吃其他的一些植物，比如竹子之类；甚至是一些动物的尸体，食量很大。

◎分布范围

大熊猫在我国的分布还是比较广泛的，是我国特有的物种，在中国西南青藏高原东部边缘的温带森林中生长着大量的竹子，很有利于大熊猫的生活。其余的大熊猫全都分布于四川，在四川主要分布的县有平武、青川和北川等三县。

◎生长繁殖

大熊猫择偶有严格的标准，一般不会随便就交配。而且雌性大熊猫每年只发一次情。通常它们交配的季节是在3～5月份，时间为2～4天。怀孕期大约在130天左右。一般在当年的9月初产仔，每胎最多1个小仔，有时候也会产2个小仔。在大熊猫幼仔出生几天到一个月之后，母熊猫会把

※ 爬上树梢的大熊猫

幼仔单独留在洞中或树洞里，自己出去寻找食物。有时候它们会离开2天或者更长时间，但它并没有把幼仔给忘记，这是在养育幼仔过程中很自然的一部分。幼仔在12个月左右就开始吃竹子了，但是在此之前，它们完全依赖于母亲。野外大熊猫的幼仔是非常脆弱的，有时候甚至会有生命危险。

◎大熊猫濒危的因素

生存的主要威胁有以下几点：

1. 栖息地破坏

人口的快速增长使大面积的天然林被砍伐，用做木材、燃料及农业发展的需要。仅在四川省，适宜的栖息地在1974～1989年间就减少了50%。栖息地的破碎化对大熊猫生存尤其危

险，因为大熊猫必须适应竹子周期性开花死亡的生物学规律。

动物界的进化历程

2. 遗传

由于大熊猫生活的森林没有彼此相连，它们中的一部分可能太小，孤立的小种群面临更大的近亲繁殖的危险，这会导致大熊猫对疾病的抵抗力减弱，对环境变化的适应力下降，繁殖力衰退，从而对其生存构成新的威胁。因此无法长期生存。这些孤立的大熊猫种群可能意味着基因流动的历史模式将在未来受到破坏，而且减小的种群将带来基因多样性的减少。

※ 嬉戏中的大熊猫

3. 偷猎

尽管大熊猫是国家一级保护动物，偷猎仍时有发生。对低繁殖率的小种群而言，偷猎是很大的威胁。虽然最终市场还不清楚，但大熊猫皮仍是偷猎者和走私者的目标。大熊猫还可能会落入为捕捉其他动物（如麝，熊等）所设的陷阱中。

4. 由于人类活动范围扩大，大熊猫被迫退缩于山顶，竹种十分单纯，一遇竹子开花，将无回旋余地，仅 1975 年岷山地区箭竹开花，死亡就达 138 只以上；80 年代邛崃山冷箭竹大面积开花，灾后发现大熊猫尸体 108 具，抢救无效死亡 33 只，共计 141 只。

随着大熊猫数量的减少，如何拯救大熊猫是一个十分严肃的问题。

▶ 知 识 窗 ⋯⋯⋯⋯⋯⋯⋯⋯⋯⋯⋯⋯⋯⋯⋯⋯⋯⋯⋯⋯⋯⋯

　　大熊猫是一种有着独特黑白相间毛色的活泼动物。大熊猫的种属是一个争论了一个世纪的问题，最近的 DNA 分析表明，现在国际上普遍接受将它列为熊科、大熊猫亚科的分类方法，目前也逐步得到国内的认可。国内传统分类将大熊猫单列为大熊猫科。它代表了熊科的早期分支。

| 拓展思考 |

1. 怎样保护大熊猫？

2. 熊猫在我国有着怎样的地位？

最漂亮的猴子——金丝猴

Zui Piao Liang De Hou Zi —— Jin Si Hou

金丝猴属于仰鼻猴属，属于灵长目、猴科、疣猴亚科。由于世界上最早发现的仰鼻猴是生活在中国的四川、陕西、甘肃的川金丝猴，这一属的动物通常被称为金丝猴，它的英文名字直译成中文是仰鼻猴。仰鼻猴最早是分布在横断山脉的一个种，后来由于地质变化发生生殖隔离而演化出 4 个种，这种隔离发生于

※ 金丝猴

2.5 万年前，由于隔离的时间较短，这些种并不是完全种。依照不同的生态特点，进入高海拔生存的滇金丝猴称为进化上先进种，而越南金丝猴相对最原始，川金丝猴与黔金丝猴亲缘较紧，黔金丝猴相对较原始。金丝猴有三个种分布在中国，数量稀少，且都是濒危动物。

◎金丝猴概况

在我国，金丝猴是与大熊猫一样珍贵的国宝级动物，它们毛色艳丽，形态独特，动作优雅，性情温和，深受人们的喜爱。滇金丝猴是我国特有的世界珍稀动物之一，它仅存于白茫雪山自然保护区和萨马阁自然保护区。这里的金丝猴最少有两个特点可称为世界之最：在全世界近 200 种灵长类动物中，分布地在海拔超过 2000 米的种类寥寥无几，而滇金丝猴分布的海拔高度都在 4000 米左右，这种分布的绝对高度是很罕见的。另外，滇金丝猴还有一副"面白唇红"的姣好容貌为其得来一份"最美的灵长类动物"的美誉。嘴唇宽厚，红艳，一双杏眼，上翘的鼻子，非常好看。幼仔灰白色，憨态可掬。

金丝猴有四个种类：滇金丝猴、黔金丝猴、川金丝猴和越南金丝猴。其中除了川金丝猴全身是金黄毛色外，其他三种都没有金色的体毛。

动物界的进化历程

◎黔金丝猴

黔金丝猴还被叫做灰仰鼻猴、白肩猴、牛尾猴、白肩仰鼻猴。它们属于灵长目、猴科、仰鼻猴属。是一种比较大的猴子，一般体重都在 15 千克左右。仅在贵州的梵净山有分布。数量稀少，非常珍贵，已列为中国的一级保护动物，同时也是世界上濒危的物种之一，被称为"世界独生子"。

※ 黔金丝猴

黔金丝猴的身体是灰色的，它的吻鼻部稍微有些向下凹。脸部是灰白或浅蓝色，鼻眉脊呈浅蓝色。前额的毛基多为金黄色，后部为灰白色。两肩之间有一明显的白色块斑。颈下、腋部及上肢内侧呈金黄色，股部为灰黄。体背灰褐，从肩部沿四肢外侧至手背和脚背渐变为黑色。幼体的颜色要淡一些，全身为银灰色，头顶为灰色，但四肢的内侧为乳灰色。

黔金丝猴经常在树上活动，这是它们生存的主要形态，而且喜欢结群活动，每一群几只到几十只是不等的，一个群的大小随四季的变化而有所不同。它们主要是以多种植物的叶、芽枝、果实及树皮为食。黔金丝猴通常在树上坐着、走动、攀爬、跳跃等，它们在正常活动下有很甜美的叫声，加上它们自由自在的生活，那叫声会令人感到愉悦舒服。黔金丝猴天生机警灵敏，对比较特别的响声非常敏感，一有响动，就会立刻逃跑。它们最潇洒的动作就是用单臂抓住树枝，以悠荡的方式进行前进。主要栖息在常绿阔叶林、阔叶混交林等地方，活动的海拔高度要比川金丝猴低得多。

◎滇金丝猴

虽然名为"金丝猴"，但实际上却没有金黄色的毛。是世界上栖息海拔高度最高的灵长类动物，它们很晚才被人们发现。属于国家的一级保护动物，也是世界级珍奇，是我国特有的珍稀濒危动物。

滇金丝猴的体毛棕黑发亮，皮毛多是黑白色两色混杂。头顶有尖形黑色冠毛，体形与川金丝猴比，显得稍微大些。金丝猴喉、胸、臀部的白毛与头、背、四肢外侧的黑毛开成鲜明的对比，雄性体型较大。它们的头顶长有尖形黑色冠毛，眼周和吻鼻部青灰色或肉粉色，鼻端上翘呈深蓝色。身体背面、侧面、四肢外侧、手、足和尾均为灰黑色。背后具有灰白色的稀疏长毛。在臀部的两侧有长约30～45厘米的臀毛。尾较粗大，与体长差不多。它们的嘴唇红润宽厚，还有一双漂亮的杏眼，微微上翘的鼻子，看上去非常美丽。

※ 滇金丝猴

滇金丝猴是目前发现的居住海拔最高的灵长类动物，一般都是高山暗针叶林内活动。滇金丝猴没有明显的季节性的垂直迁移现象，活动的范围和猴群的大小而有所不同。它们是典型的家庭生活方式，通常由1只雄猴，2～3只雌猴，数只小猴组成家族群，多个家族群一起活动。家庭成员之间都是互相关心，互相照顾的，经常可以看到它们在一起玩耍、打闹、觅食和休息。它们主要食针叶树的嫩叶和越冬的花苞及叶芽苞，也食松萝和桦树的嫩枝芽及幼叶，有的月份也吃箭竹的竹笋和嫩竹叶，还喜欢吃一种叫做"松萝"的地衣类附生植物，它们偶尔还会下地去寻找一些昆虫及其幼虫来食，这是因为它们的身体需要补充蛋白质。

滇金丝猴的分布范围比较小，仅在中国的云南西北部、西藏西南部有分布。在比较集中的分布区已建立白马雪山、哈巴雪山、盐井等自然保护区。

◎川金丝猴

川金丝猴的长相也非常可爱。它们头顶的正中有一片向后越来越长的黑褐色毛冠，两耳长在乳黄色的毛丛里，一圈橘黄色的针毛衬托着棕红色的面颊，胸腹部为淡黄色或白色，臀部的胼胝为灰蓝色，雄兽的阴囊为鲜艳的蓝色，从颈部开始，整

个后背和前肢上部都披着金黄色的长毛，细亮如丝，色泽向体背逐渐变深，最长的达 50 多厘米，在阳光的照耀下金光闪闪，好似披了一件雍容华贵的金色斗篷。

川金丝猴多数喜欢成群游荡，而且各群都有一定的活动范围和相对稳定的路线，周年来回迁移寻找食物。以树叶、野果、嫩枝芽为食，甚至连苔藓植物也吃。其种类主要分布于四川、甘肃、陕西和湖北。

◎越南金丝猴

越南金丝猴也叫东京仰鼻猴，是唯一一种在中国以外地区分布的金丝猴，1910 年被发现，直到 1989 年才再次发现。现存数量很少，约250 只。

※ 越南金丝猴

如同其他灵长类动物一样，越南金丝猴以小群活动，通常由一只雄性和多只雌性组成，也有多只雄性的群体，多个小群共同分享一片栖息地。越南金丝猴以植物为食，食物类型随季节而变化。

由于越南人口增长很快，原始森林在人为因素下破坏得十分严重，极大地挤压了越南金丝猴的生活空间。至 1986 年，越南金丝猴原有的栖息地已经丧失殆尽。目前越南金丝猴已分割成两个种群。此外，过度捕猎用于皮毛和东方药物夜市，更使它们处于濒危的境地。

▶ 知识窗

　　因为漂亮的皮毛，金丝猴被滥猎。据在云南德钦县霞若区调查，70 年代该区滇金丝猴估计还有约 1000 只，但 1971～1981 年猎杀统计数达 430 多只，到现在仅剩下 200 余只。同时由于森林不断采伐、毁林开荒以及放牧，严重地破坏了它们的栖息环境而导致社群分割，一些小的社群最后遭到蚕食绝灭。

拓展思考

1. 金丝猴主要有哪些种类？
2. 金丝猴与普通猴子有哪些相同点？

动物界的进化历程